高等学校教材

常微分方程

刘玉堂　于梅英　张群力 主编

·北京·

内容简介

本书主要介绍常微分方程的初等积分法、基本理论、定性和稳定性理论的基本内容.具体包括常微分方程的初等解法、解的存在唯一性定理、高阶微分方程、线性微分方程组、定性和稳定性理论初步等.本书各节配有习题并附参考答案，个别习题还有提示，书末附录介绍了Maple在常微分方程中的应用.

本书可作为高等学校数学专业常微分方程课程的教学用书或参考书，亦可供其他理工科专业选用，也可供其他希望了解常微分方程的读者及相关专业人员参考.

图书在版编目（CIP）数据

常微分方程/刘玉堂，于梅英，张群力主编. —北京：化学工业出版社，2022.12

ISBN 978-7-122-42679-6

Ⅰ.①常… Ⅱ.①刘… ②于… ③张… Ⅲ.①常微分方程 Ⅳ.①O175.1

中国版本图书馆CIP数据核字（2022）第245084号

责任编辑：郝英华　王　岩　　　　装帧设计：史利平

责任校对：王　静

出版发行：化学工业出版社（北京市东城区青年湖南街13号　邮政编码100011）

印　　装：大厂聚鑫印刷有限责任公司

710mm×1000mm　1/16　印张10½　字数207千字　2023年10月北京第1版第1次印刷

购书咨询：010-64518888　　　　售后服务：010-64518899

网　　址：http://www.cip.com.cn

凡购买本书，如有缺损质量问题，本社销售中心负责调换。

定　　价：39.00元

前 言

常微分方程历史悠久，可以追溯到发明微积分的年代.不仅内容丰富，理论深刻，而且它的应用也十分广泛.从古老的力学问题到海王星的发现，再到混沌现象、湍流现象以及机器人模型等，都与微分方程有密切的联系.

本书主要介绍以下 6 章内容.

第 1 章通过简单的数学模型引进常微分方程的基本概念，以便使读者尽快进入主题，加深其对常微分方程问题的理解.

第 2 章介绍求解常微分方程的初等积分法，包括变量分离方程、一阶线性微分方程及常数变易法、恰当微分方程与积分因子、一阶隐式微分方程.这是求解常微分方程的重要的基础知识.

第 3 章介绍关于一阶微分方程的解的存在定理，包括解的存在唯一性定理与逐步逼近法、解的延展定理、解对初值的连续性定理、可微性定理和常微分方程的数值解法.

第 4 章介绍高阶微分方程的解法，包括线性微分方程的基本理论、常系数线性微分方程、高阶微分方程的降阶法及二阶线性微分方程的幂级数解法.

第 5 章介绍线性微分方程组的解法，包括线性微分方程组的一般理论、常系数线性微分方程组的解法、消元法、拉普拉斯变换法和首次积分法.

第 6 章介绍非线性微分方程的定性理论和稳定性理论的初步知识，包括稳定性、李雅普诺夫第二方法、奇点、相图等基本概念和方法.

本书由刘玉堂、于梅英、张群力主编，王增桂、刘汉泽、刘兴、桑波、辛祥鹏参编.本书的编写得到了聊城大学校级规划教材建设项目的支持.感谢聊城大学数学科学学院的领导及老师们的支持和帮助，与他们的讨论开阔了我们的思路，对保证教材的质量起到了积极的作用.同时在此向各位前辈和同仁表示由衷的敬意和感谢!

限于编者水平，书中疏漏之处在所难免，敬请读者批评指正.

编者

2022 年 10 月

目 录

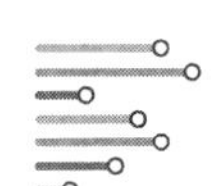

第1章 绪 论

三百多年前，牛顿（**I. Newton**）和莱布尼兹（**G. W. Leibniz**）发明了微积分，同时开始了常微分方程的研究.

常微分方程是研究许多自然科学问题和技术问题的有力工具，在力学、天文学、物理学、化学和生物学等学科有广泛的应用，具有重要的实用价值. 这是因为某些现象、过程所服从的客观规律往往能够写成常微分方程的定量表示. 例如，根据**牛顿**力学定律，可以把描述质点系或刚体运动的力学问题化为求解常微分方程的数学问题. 计算无线电线路或者人造卫星轨道，研究飞机飞行的稳定性、振动理论和自动控制理论以及解释化学反应过程，都可以通过研究和求解常微分方程来进行.

微分方程是含有未知函数及其导数（或微分）的方程. 例如

$$\frac{dx}{dt}=x^2+t^2, \quad \frac{d^2y}{dx^2}=-a^2y,$$

$$x\,dy-y^2\,dx=0, \quad \frac{\partial^2 z}{\partial x^2}+\frac{\partial^2 z}{\partial y^2}=0.$$

一旦建立了微分方程，实际问题的研究就转化为对微分方程的研究. 根据微分方程的解，可以更准确地理解和解释相应的现象. 牛顿通过解微分方程证实了地球绕太阳运行的轨道是一个椭圆. 海王星、冥王星的存在是天文学家先通过解微分方程推算出来，然后才观测到的.

1.1 微分方程实例

本节介绍几个描述自然现象、几何问题等的常微分方程.

【例 1.1.1】 自由落体运动

自由落体运动是指物体在只考虑地球引力的作用下，初速度为零的运动. 根据牛顿第二定律，物体运动的加速度与合外力成正比，其方向与合外力的方向一致. 质量为 m 的物体，在重力作用下，沿铅直线下落. 物体向下（为正）的位移 $s(t)$ 随时间 t 而改变. 求 $s(t)$ 应满足的微分方程.

解 $s=s(t)$代表落体的位移，它关于 t 的一阶导数 $\dot{s}=\dot{s}(t)$为落体的瞬时速度，$\ddot{s}=\ddot{s}(t)$为瞬时加速度. 由牛顿第二定律可得 $mg=m\ddot{s}$，即

$$\ddot{s}=g, \tag{1-1-1}$$

式中，g 为重力加速度. 因函数 $\ddot{s}$ 是关于 t 的二阶导数，方程(1-1-1)为二阶微分方程. 至此，自由落体问题转化成了函数 $s(t)$ 的求解及性质研究问题.

在微分方程(1-1-1)中，对 t 积分一次，得

$$\dot{s}=gt+c_1, \tag{1-1-2}$$

再积分一次，得

$$s=\frac{1}{2}gt^2+c_1t+c_2, \tag{1-1-3}$$

式中，c_1, c_2 为积分常数.

【例 1.1.2】 增长率问题

假设某类生物种群在时刻 t 的数量为 $x(t)$，$b(t)$ 为时刻 t 的瞬时出生率，$d(t)$ 为时刻 t 的瞬时死亡率. 对任意 $\Delta t>0$，该类生物种群在区间 $[t,t+\Delta t]$ 上的改变量为

$$x(t+\Delta t)-x(t)=\int_t^{t+\Delta t}[b(s)-d(s)]x(s)\mathrm{d}s.$$

记 $\mu(t)=b(t)-d(t)$，称为该生物种群数量的纯增长率. 将它代入上式，并在两边同时除以 Δt，得

$$\frac{x(t+\Delta t)-x(t)}{\Delta t}=\frac{1}{\Delta t}\int_t^{t+\Delta t}\mu(s)x(s)\mathrm{d}s.$$

令 $\Delta t\to 0$，推出

$$\frac{\mathrm{d}x}{\mathrm{d}t}=\mu(t)x,$$

或者

$$\frac{1}{x}\frac{\mathrm{d}x}{\mathrm{d}t}=\mu(t). \tag{1-1-4}$$

在实际情况下，$\mu(t)$ 往往还与种群数量 $x(t)$ 有关，即 $\mu(t)=\mu(t,x)$. 于是，已知 $\mu(t,x)$ 时，我们得到一个含 t，x 和 $\frac{\mathrm{d}x}{\mathrm{d}t}$ 的关系式

$$\frac{\mathrm{d}x}{\mathrm{d}t}=x\mu(t,x). \tag{1-1-5}$$

这是纯增长率问题的微分方程模型. 当 μ 未知时，式(1-1-4)左端可以作为纯增长率的定义.

① 若 $\mu(t,x)=k$ 为常数，且将“某类生物种群”设想为“某地区人口”时，式(1-1-5)就成为**马尔萨斯（Malthus）人口发展方程**

$$\frac{\mathrm{d}x}{\mathrm{d}t}=kx. \tag{1-1-6}$$

假设 $t=0$ 时，某地区人口的初始数量为 $x(0)=x_0>0$，则对式(1-1-6)从 0 到 t 积分，得

$$x(t)=x_0\mathrm{e}^{kt}.$$

当 t 取离散值 1，2，3，…时，人口以 e^k 为公比的几何级数增长.

② 若把 $x(t)$看成一个池塘中某种鱼类的种群数量，则该池塘存在能够容纳该种鱼类生存的最大量 x_m，这时该种鱼类数量的纯增长率可取为 $\mu=r\left(1-\frac{x}{x_m}\right)$，因此方程(1-1-5) 就成为

$$\frac{\mathrm{d}x}{\mathrm{d}t}=rx\left(1-\frac{x}{x_m}\right), \tag{1-1-7}$$

式中，$r>0$ 称为该鱼类的固有增长率. 式(1-1-7) 就是所谓的 **Logistic 方程**，它能更准确地反映生物种群数量在食物、生存空间受到约束情况下的增长情况.

③ 当发现一个体积为 V 的湖泊受到严重污染时，若立即切断一切污染来源、停止向湖中排放任何污染物质，则这时每单位体积湖水的污染物 $x(t)$（即污染浓度）的纯增长率为 $\mu(t,x)=-r/V$，这里流量 r 为每单位时间流入（假设也等于流出）该湖泊水的体积. 令 $k=r/V$，则有

$$\frac{\mathrm{d}x}{\mathrm{d}t}=-kx.$$

称 $1/k$ 为排水时间，它表示用流量 r 排干该湖泊全部湖水所需要的时间. 不难算出，为使污染浓度降低到初始浓度的 5%，所需要的时间 $t_{0.05}=\frac{\ln 20}{k}\approx\frac{3}{k}$. 例如北美五大湖中的**苏必利尔湖**，其湖水体积约为 $1.2221\times10^{13}\,\mathrm{m}^3$，平均流量为 $1.79\times10^8\,\mathrm{m}^3/$天，从而它的 $t_{0.05}\approx560$ 年，可见湖泊一旦受到污染，要消除它并不容易.

下面介绍一个由几何问题引出的常微分方程.

【例 1.1.3】 探照灯反射镜面的形状

在设计探照灯的反射镜面时，要求把点光源射出的光线平行地反射出去.

解 由题意知所求曲面为旋转曲面，于是问题就化为求平面曲线的问题. 设光源在坐标原点，取 x 轴平行于光的反射方向（图 1.1.1），记所求曲线为 $y=y(x)$，过其上任一点 $P(x,y)$作切线 PQ. 由光线的反射定律知入射角应等于反射角，即 $\alpha=\beta$. 由图 1.1.1 有 $\gamma=\alpha+\beta=2\beta$，故得

$$\tan\gamma=\tan 2\beta=\frac{2\tan\beta}{1-\tan^2\beta}, \tag{1-1-8}$$

且 $\tan\beta=\frac{\mathrm{d}y}{\mathrm{d}x}=y'$，$\tan\gamma=\frac{y}{x}$，代入式(1-1-8) 得

$$\frac{y}{x}=\frac{2y'}{1-y'^2}.$$

由此解出 y'有

$$\frac{\mathrm{d}y}{\mathrm{d}x}=-\frac{y}{x}\pm\sqrt{1+\left(\frac{y}{x}\right)^2}.$$

对于图 1.1.1 所示曲线的上支，应有 $0<y'=\tan\beta<1$，故得所求曲线应满足的常微分方程为

$$\frac{\mathrm{d}y}{\mathrm{d}x}=-\frac{y}{x}+\sqrt{1+\left(\frac{y}{x}\right)^2}. \tag{1-1-9}$$

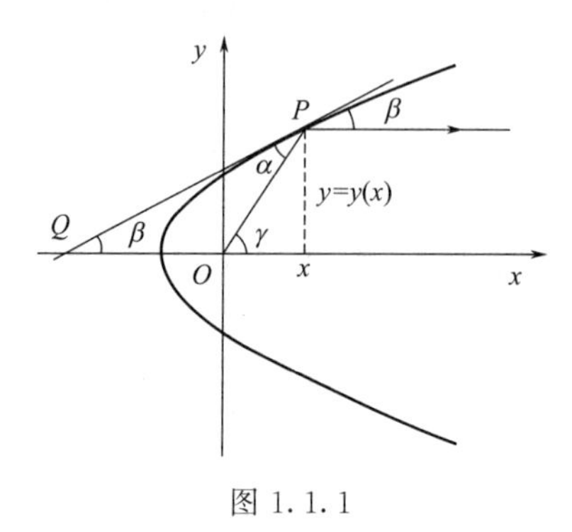

图 1.1.1

由其它问题也可以引出常微分方程，下面是一个例子.

【例 1.1.4】 由函数方程

$$f(x+y)=f(x)f(y) \tag{1-1-10}$$

引出微分方程. 显然，$f=0$ 或 $f=1$ 为式(1-1-10) 的解. 在只要求 f 连续的情况下，可求出式(1-1-10) 的解 $f(x)=a^x, a\neq 0,1$，但技巧性较强. 这里不妨要求 f 可微，化式(1-1-10) 为常微分方程，以便于求解. 首先在式(1-1-10) 中取 $y=0$，有

$$f(x)=f(x)f(0).$$

故得 $f(0)=1$. 于是可改写式(1-1-10) 为

$$\frac{f(x+y)-f(x)}{y}=\frac{f(x)f(y)-f(x)f(0)}{y}$$

令 $y\to 0$，得常微分方程：

$$f'(x)=f'(0)f(x). \tag{1-1-11}$$

本节，我们通过几个在科学发展中有典型意义的实际问题提炼出微分方程问题. 当然，在此过程中做了必要的简化，便于理解和处理，其结果自然是对实际问题的一种近似描述.

习 题 1.1

1. 镭的衰变规律. 由于放射作用，镭的质量 $m=m(t)$ 随时间 t 而衰减，从而 $\frac{\mathrm{d}m}{\mathrm{d}t}\leqslant 0$. 求镭的质量 $m(t)$ 的变化规律.

2. 数学摆是系于一根长度为 l 的线而质量为 m 的质点 M，在重力作用下，它在垂直于地面的平面内沿圆周运动，求摆的运动方程.

3. 一个质量为 m 的物体在水中从静止开始下沉，设下沉时水阻力与速度成正比，试求物体运动规律.

1.2 基本概念

自变量、未知函数均为实值的微分方程称为实值微分方程；未知函数或自变量取复值的微分方程称为复值微分方程.

(1) 常微分方程与偏微分方程

定义 1.2.1 联系自变量未知函数和它的导数（或微分）的关系式称为**微分方程**. 未知函数是一元函数的微分方程称为**常微分方程**. 含有未知函数及其偏导数的微分方程称为**偏微分方程**. 本书主要讨论常微分方程，其一般表达式为：

$$F(x,y,y',\cdots,y^{(n)})=0, \tag{1-2-1}$$

式中，F 是关于 $x,y,y',\cdots,y^{(n)}$ 的已知函数；x 为自变量，$y=y(x)$ 为未知函数；$y^{(n)}=y^{(n)}(x)$ 为未知函数的 n 阶导数. 最高阶数 n 称为常微分方程(1-2-1) 的**阶**，它对微分方程的解法、解的性质有决定性的影响. 如上一节中的方程(1-1-1) 是二阶方程，方程(1-1-5)、方程(1-1-7) 和方程(1-1-11) 都是一阶方程. 方程(1-2-1) 称为 n 阶**隐式常微分方程**.

形如

$$y^{(n)}=f(x,y,y',\cdots,y^{(n-1)}) \tag{1-2-2}$$

的方程称为 n 阶**显式常微分方程**，其中函数 f 为其自变量、未知函数及其直到 $n-1$ 阶导数的已知函数.

(2) 线性和非线性

若方程(1-2-1) 中的已知函数 F 关于 $y,y',\cdots,y^{(n)}$ 为一次有理整式：

$$y^{(n)}+a_1(x)y^{(n-1)}+\cdots+a_{n-1}(x)y'+a_n(x)y=f(x), \tag{1-2-3}$$

其中 $f(x)$，$a_i(x),i=1,2,\cdots,n$ 为已知连续函数. 当 $f(x)\neq 0$ 时称方程(1-2-3) 为 **n 阶非齐次线性微分方程**. 当 $f(x)=0$ 时，方程(1-2-3) 变为：

$$y^{(n)}+a_1(x)y^{(n-1)}+\cdots+a_{n-1}(x)y'+a_n(x)y=0. \tag{1-2-4}$$

称方程(1-2-4) 为对应于方程(1-2-3) 的 n 阶**齐次线性微分方程.**

不是线性微分方程的微分方程称为非线性微分方程. 例如，方程 $\frac{\mathrm{d}^2\varphi}{\mathrm{d}t^2}+\frac{g}{l}\sin\varphi=0$ 是二阶非线性微分方程.

(3)解的概念

如果把函数 $y=\varphi(x)$代入方程(1-2-1),使其成为恒等式,即

$$F(x,\varphi(x),\varphi'(x),\cdots,\varphi^{(n)}(x))\equiv 0,$$

则称 $y=\varphi(x)$为该微分方程的一个解. 如果关系式

$$\Phi(x,y)=0 \tag{1-2-5}$$

决定的函数 $y=\varphi(x)$是方程(1-2-1)的解,则称 $\Phi(x,y)=0$ 为方程式(1-2-1)的**隐式解**. 称由式(1-2-5)在 xOy 平面上所确定的曲线为方程(1-2-1)的**积分曲线**.

【例 1.2.1】 验证函数 $y=\sin 3x$ 满足二阶微分方程

$$y''+9y=0. \tag{1-2-6}$$

证明 由 $y'=3\cos 3x, y''=-9\sin 3x$,知

$$y''+9y=-9\sin 3x+9\sin 3x=0$$

成立. 所以 $y=\sin 3x$ 是方程(1-2-6)的解.

类似地可以验证,函数 $y=c_1\sin 3x+c_2\cos 3x$ 也是方程(1-2-6)的解,其中 c_1, c_2 为任意常数.

【例 1.2.2】 验证一阶微分方程

$$\frac{\mathrm{d}y}{\mathrm{d}x}=-\frac{x}{y} \tag{1-2-7}$$

有显式解 $y=\sqrt{1-x^2}$ 和 $y=-\sqrt{1-x^2}$,而 $x^2+y^2=1$ 是方程(1-2-7)的一个隐式解.

(4)通解、特解和定解问题

习惯上把 n 阶方程(1-2-1)的含有 n 个彼此独立任意常数 $c_1,c_2,\cdots,c_n$ 的解族 $y=\varphi(x,c_1,c_2,\cdots,c_n)$称为方程(1-2-1)的**通解**(**或一般解**). 而把方程(1-2-1)的任何单个解称为**特解**. 这里所说的 n 个任意常数 $c_1,c_2,\cdots,c_n$ 是独立的,其含义是**雅可比(Jacobi)行列式**

$$\frac{D[\varphi,\varphi',\cdots,\varphi^{(n-1)}]}{D[c_1,c_2,\cdots,c_n]}=\begin{vmatrix} \frac{\partial\varphi}{\partial c_1} & \frac{\partial\varphi}{\partial c_2} & \cdots & \frac{\partial\varphi}{\partial c_n} \\ \frac{\partial\varphi'}{\partial c_1} & \frac{\partial\varphi'}{\partial c_2} & \cdots & \frac{\partial\varphi'}{\partial c_n} \\ \cdots & \cdots & \cdots & \cdots \\ \frac{\partial\varphi^{(n-1)}}{\partial c_1} & \frac{\partial\varphi^{(n-1)}}{\partial c_2} & \cdots & \frac{\partial\varphi^{(n-1)}}{\partial c_n} \end{vmatrix}\neq 0,$$

其中 $\varphi=\varphi(x,c_1,c_2,\cdots,c_n), \varphi'=\varphi'(x,c_1,c_2,\cdots,c_n),\cdots,\varphi^{(n-1)}=\varphi^{(n-1)}(x,c_1,c_2,\cdots,c_n)$. 如果由含 n 个任意常数 $c_1,c_2,\cdots,c_n$ 的函数

$$\Phi(x,c_1,c_2,\cdots,c_n)=0 \tag{1-2-8}$$

所确定的函数族 $y=\varphi(x,c_1,c_2,\cdots,c_n)$是方程(1-2-1)的通解,则称式(1-2-8)为

方程(1-2-1) 的**隐式通解**(或**通积分**). 如果方程(1-2-1) 的解 $y=\varphi(x)$不包含任意常数，则为方程(1-2-1) 的一个特解.

很多实际问题往往只关心微分方程满足某一个(或一组)特定条件的解，这种特定条件称为**定解条件**. 附加了定解条件的微分方程求解问题称为**定解问题**. 微分方程的满足定解条件的解是一种特解.

n 阶微分方程的初值问题应当附有 n 个初始条件. 如果 $y(x)$是 n 阶微分方程(1-2-1) 的初值问题的解，则它的**初值问题**，**或柯西(Cauchy)问题**为：

$$\begin{cases} F(x,y,y',\cdots,y^{(n)})=0, \\ y(x)\big|_{x=x_0}=y_0, y'(x)\big|_{x=x_0}=y'_0, \cdots, y^{(n-1)}(x)\big|_{x=x_0}=y_0^{(n-1)}. \end{cases} \tag{1-2-9}$$

或

$$\begin{cases} F(x,y,y',\cdots,y^{(n)})=0, \\ y(x_0)=y_0, y'(x_0)=y'_0, \cdots, y^{(n-1)}(x_0)=y_0^{(n-1)}. \end{cases} \tag{1-2-10}$$

式中，x_0 是自变量 x 的某个特定的值；$y_0, y'_0, \cdots, y_0^{(n-1)}$ 是 n 个给定的常数.

另外一种常见的定解条件是边值条件. 求方程满足边界条件的解的问题，称为**边值问题**. 对二阶非齐次线性微分方程

$$y''+p(x)y'+q(x)y=f(x), \tag{1-2-11}$$

及对应的齐次线性微分方程

$$y''+p(x)y'+q(x)y=0, \tag{1-2-12}$$

式中，$y(x)$为未知函数，$p(x)$，$q(x)$，$f(x)$均为区间$[a,b]$上的已知连续函数. 其边值条件有以下几种：

第一类边值条件：$y(a)=\alpha_1, y(b)=\beta_1$；

第二类边值条件：$y'(a)=\alpha_2, y'(b)=\beta_2$；

第三类边值条件：$k_1y(a)+k_2y'(a)=\alpha_3, k_3y(b)+k_4y'(b)=\beta_3$；

周期边值条件：$y(a)=y(b), y'(a)=y'(b)$，

式中，α_i, β_i，k_j，$i=1,2,3, j=1,2,3,4$ 为已知常数.

习 题 1.2

1. 指出下列方程中哪些是微分方程，并说明它们的阶数.

(1) $\mathrm{d}y-y^{\frac{1}{3}}\mathrm{d}x=0$； (2) $y^2=3y+2x$；

(3) $x\mathrm{d}y+y^3\sin x\mathrm{d}x=0$； (4) $\dfrac{\mathrm{d}^2y}{\mathrm{d}^2x}+2y=\mathrm{e}^{3x}$；

(5) $y''+2y'=2x$； (6) $\mathrm{d}y=\dfrac{y}{x+y^3}\mathrm{d}x$；

(7) $xy'''-(y')^2=0$.

2. 确定下列微分方程的阶数，并回答方程是否是线性的.

(1) $y'''-6xy'=e^x+1$；　　(2) $xy''+x^2y'+\sqrt{y}\sin x=x^3-x+2$.

3. 验证下列函数是否是相应的微分方程的解，是通解还是特解.

(1) $xy'=2y, y=cx^2, y=x^2$；

(2) $y''=-y, y=\sin x, y=3\sin x-4\cos x$；

(3) $y''=2y, y=e^x, y=ce^{2x}$；

(4) $y'=e^{x-y}, y=\ln(c+e^x), y=x$；

(5) $y-xy'=0, y=cx, \begin{cases} x=e^{\arctan t}, \\ y=-e^{\arctan t}. \end{cases}$

4. 证明下述微分方程组

$$\begin{cases} \dot{x}_1=x_1-x_2, \\ \dot{x}_2=x_2-4x_1 \end{cases}$$

的通解为函数组：

$$\begin{cases} x_1=c_1e^{-t}+c_2e^{3t}, \\ x_2=c_1e^{-t}-2c_2e^{3t}. \end{cases}$$

1.3　微分方程解的几何解释

微分方程最初是由物理与几何中的问题引出的，从物理与几何直观的角度来理解微分方程的解可以使我们对所讨论的问题有一个简单而鲜明的形象.

设 D 为 xy 平面上的区域，考虑微分方程

$$\frac{dy}{dx}=f(x,y),(x,y)\in D, \tag{1-3-1}$$

其中 $f(x,y)$在 D 上连续. 假设

$$y=\varphi(x)(x\in I) \tag{1-3-2}$$

为方程(1-3-1) 的解，它在 xOy 平面的几何图形 $\Gamma:\{(x,y)|y=\varphi(x),x\in I\}$就是 D 中的一条光滑曲线，称为方程(1-3-1) 的**解曲线**或**积分曲线**. 而方程(1-3-1) 的通解 $y=\varphi(x,c)$表示 D 中的曲线族，称为方程(1-3-1) 的**积分曲线族**.

设 $f(x,y)$在区域 D 内有定义. 对于区域 D 中的每一点(x,y)，我们引一条以$f(x,y)$为斜率过(x,y)的短线段 l_{xy}，就得到一个方向. 称 l_{xy} 为微分方程(1-3-1)在点(x,y)的**线素**. 而称联同上述全体线素的区域 D 为微分方程(1-3-1) 的**线素场**或**方向场**.

【例 1.3.1】 作下述微分方程的积分曲线.

$$\frac{\mathrm{d}y}{\mathrm{d}x}=x^2+y^2. \tag{1-3-3}$$

解 在19世纪上半叶，Liouville已经证明这个方程是不可积的. 但是我们不难画出它的线素场（图1.3.1）. 在同一以原点为中心的圆周上，其斜率为半径 r 的平方，因此其线素场的线素都平行. 于是，半径越大，线素场的方向越陡. 从而可以根据线素的趋势，大体描出积分曲线族来.

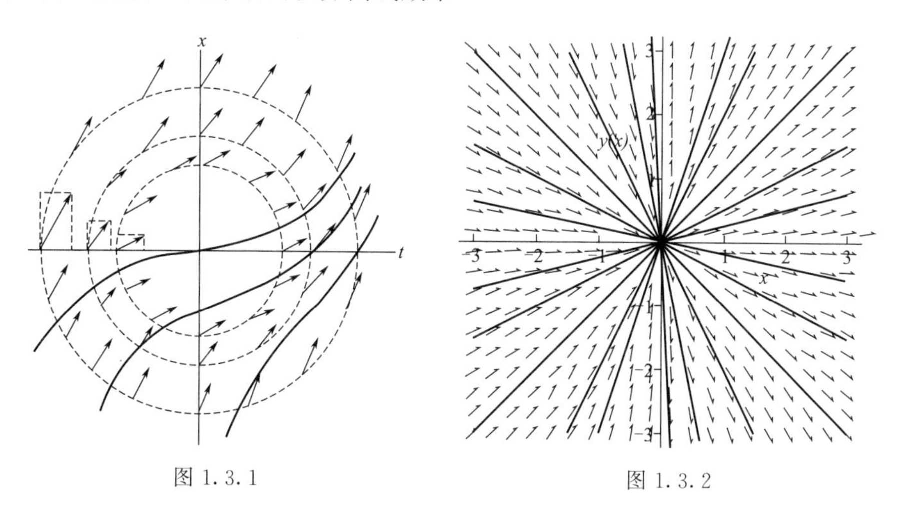

图 1.3.1　　　　图 1.3.2

称线素场中方向相同的曲线 $f(x,y)=k$ 为等倾斜线或等斜线. 当参数 k 取一系列的值时，就可以得到足够密集的等斜线族. 利用这些等斜线更便于绘出方向场及积分曲线的轮廓.

【例1.3.2】 作微分方程

$$\frac{\mathrm{d}y}{\mathrm{d}x}=\frac{y}{x} \tag{1-3-4}$$

的线素场和积分曲线.

解 原点(0,0)是方程(1-3-4)的奇点. 在 xOy 平面上，线素场的等斜线为 $\frac{y}{x}=k$，即直线 $y=kx$. 这说明斜率为 k 的所有线素都在直线 $y=kx$ 上. 而直线 $y=kx$ 的斜率也是 k. 由此可看出，直线 $y=kx$ 与微分方程(1-3-4)的线素场相吻合（图1.3.2）.

【例1.3.3】 作下述微分方程的线素场

$$\frac{\mathrm{d}y}{\mathrm{d}x}=-\frac{x}{y}. \tag{1-3-5}$$

解 原点(0,0)是方程(1-3-5)的奇点. 而线素场的等斜线为 $-\frac{x}{y}=k$，即 $y=-\frac{x}{k}$，这条直线上任何点的斜率都为 $-\frac{1}{k}$，也就是线素斜率为 $-\frac{1}{k}$ 的所有点都在直

线 $y=-x/k$ 上. 换句话说，直线 $y=-x/k$ 上点的线素与这条直线互相垂直. 由方程(1-3-5) 的线素场（图 1.3.3）不难看出，以原点为中心的同心圆族 $x^2+y^2=a^2$（其中 a 为非负实数）是微分方程(1-3-5) 或相应的对称微分方程

$$x\mathrm{d}y+y\mathrm{d}x=0$$

的积分曲线. 这时除原点外，过任一点(x_0, y_0)有一个积分曲线 $x^2+y^2=x_0^2+y_0^2$.

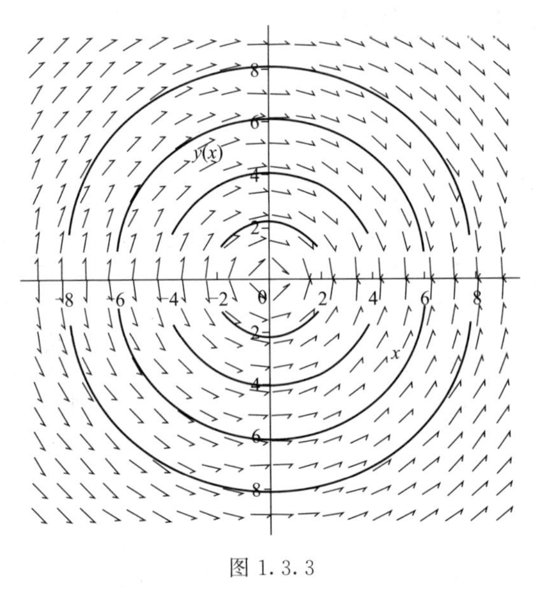

图 1.3.3

上述几何解释也可用于方程组.

习 题 1.3

1. 画出方程 $y'=2x$ 的方向场，并描出它的积分曲线.

2. 试讨论方程 $y'=-\dfrac{2y}{x}$的方向场，并描出它的积分曲线.

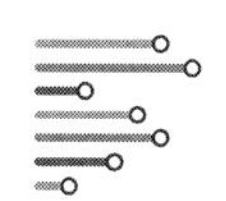

第2章　一阶微分方程的初等解法

本章主要介绍一阶微分方程的初等解法，即把微分方程的求解问题转化为求积分问题，其解的表达式由初等函数或超越函数表示. 如同五次或高于五次的代数方程不能用四则运算求解一样，对于一般的一阶常微分方程也没有通用的初等解法. 本章仅介绍若干有初等解法的方程类型及其求解的一般方法. 这些初等解法，既是常微分方程理论中很有自身特色的部分，也与实际问题密切相关.

2.1　变量分离方程

2.1.1　变量分离方程

本节介绍一类最基本的一阶微分方程，即**变量分离方程**

$$\frac{\mathrm{d}y}{\mathrm{d}x}=f(x)g(y), \tag{2-1-1}$$

式中，$f(x)$,$g(y)$分别为 x,y 的连续函数.

方程(2-1-1) 的解法如下：

(1) 若 $g(y)\neq 0$，则方程(2-1-1) 可改写为

$$\frac{\mathrm{d}y}{g(y)}=f(x)\mathrm{d}x,$$

两边积分，得方程(2-1-1) 的通解

$$\int\frac{\mathrm{d}y}{g(y)}=\int f(x)\mathrm{d}x+c, \tag{2-1-2}$$

式中，c 是任意常数.

(2) 若存在 y_0 使得 $g(y_0)=0$，则 $y=y_0$ 是方程(2-1-1) 的解.

【例 2.1.1】 求解方程$\dfrac{\mathrm{d}y}{\mathrm{d}x}=\dfrac{y}{x^2}$.

解　该方程为变量分离方程. 当 $y\neq 0$ 时，方程化为

$$\frac{\mathrm{d}y}{y}=\frac{\mathrm{d}x}{x^2},$$

两边积分，得隐式通解

$$\ln|y|=-\frac{1}{x}+c_1,$$

式中，c_1 为任意常数. 或者将解改写为

$$y=c_2 e^{-\frac{1}{x}},$$

式中，$c_2=\pm e^{c_1}$. 注意到 $y=0$ 也是方程的解. 因此方程的通解为

$$y=c e^{-\frac{1}{x}},$$

式中，c 是任意常数.

【例 2.1.2】 求解方程

$$\frac{dy}{dx}=\frac{\sqrt{1-y^2}}{\sqrt{1-x^2}}.$$

解 该方程为变量分离方程. 当 $y\neq\pm1$ 时，变量分离得

$$\frac{dy}{\sqrt{1-y^2}}=\frac{dx}{\sqrt{1-x^2}},$$

两边积分得隐式通解

$$\arcsin y=\arcsin x+c,$$

式中，c 是任意常数. 解出 y 得显式解

$$y=\sin(\arcsin x+c).$$

另外，方程还有常数解 $y=\pm1$,它们不被包括在通解中.

【例 2.1.3】 求解方程

$$\frac{dy}{dx}=P(x)y, \tag{2-1-3}$$

式中，$P(x)$为 x 的连续函数.

解 该方程为变量分离方程. 当 $y\neq0$ 时，变量分离得

$$\frac{dy}{y}=P(x)dx,$$

两边积分，得隐式通解

$$\ln|y|=\int P(x)dx+c_1,$$

式中，c_1 为任意常数. 或者将解改写为

$$y=c_2 e^{\int P(x)dx},$$

式中，$c_2=\pm e^{c_1}$. 注意到 $y=0$ 也是方程的解. 因此方程的通解为

$$y=c e^{\int P(x)dx}, \tag{2-1-4}$$

式中，c 是任意常数.

2.1.2　可化为变量分离方程的微分方程

（1）形如

$$\frac{dy}{dx}=f\left(\frac{y}{x}\right) \tag{2-1-5}$$

的方程称为**齐次微分方程**，这里 $f(z)$是 z 的连续函数.

求解过程：令 $z=\frac{y}{x}$，即 $y=xz$. 方程(2-1-5) 可化为

$$z+x\frac{dz}{dx}=f(z),$$

即

$$\frac{dz}{dx}=\frac{f(z)-z}{x}, \tag{2-1-6}$$

这是一个变量分离方程. 可先求出 z,然后代回原来的变量，便得原方程(2-1-5) 的解.

当 $f(z_0)-z_0\neq 0$ 时，将方程（2-1-6）变量分离，得

$$\frac{dz}{f(z)-z}=\frac{dx}{x},$$

两边积分

$$\int\frac{dz}{f(z)-z}=\int\frac{dx}{x}+\ln|c_1|,$$

即

$$\int\frac{dz}{f(z)-z}=\ln|c_1x|,$$

上式可改写为

$$x=ce^{\varphi(z)},$$

式中，$\varphi(z)=\int\frac{dz}{f(z)-z}$；$c$ 是任意常数. 将 $z=\frac{y}{x}$代入得方程(2-1-5) 的通解为

$$x=ce^{\varphi\left(\frac{y}{x}\right)},$$

式中，c 是任意常数.

【例 2.1.4】 求解方程$\frac{dy}{dx}=\frac{y}{x}+2\sqrt{\frac{y}{x}}$.

解　这是齐次微分方程，令 $z=\frac{y}{x}$,则原方程变为

$$x\frac{dz}{dx}+z=z+2\sqrt{z},$$

即

$$\frac{dz}{dx}=\frac{2\sqrt{z}}{x},$$

将上式变量分离，得

$$\frac{dz}{2\sqrt{z}}=\frac{dx}{x},$$

两边积分，得

$$\sqrt{z}=\ln|x|+c,$$

即当 $\ln|x|+c>0$ 时，

$$z=(\ln|x|+c)^2,$$

式中，c 为任意常数. 此外，$z=0$ 也是解，但没有包含在通解中.

代回原来的变量，得原方程的通解为 $y=x(\ln|x|+c)^2, \ln|x|+c>0$，其中 c 是任意常数. 另外 $y=0$ 也是原方程的解.

【例 2.1.5】 求解方程 $x^2\frac{dy}{dx}=xy-y^2(x>0)$.

解 这是齐次微分方程，原方程可化为

$$\frac{dy}{dx}=\frac{y}{x}-\left(\frac{y}{x}\right)^2.$$

令 $z=\frac{y}{x}$，代入上述方程得

$$z+x\frac{dz}{dx}=z-z^2,$$

即

$$x\frac{dz}{dx}=-z^2.$$

变量分离得

$$-\frac{dz}{z^2}=\frac{dx}{x},$$

两边积分得

$$\frac{1}{z}=\ln x+c$$

或

$$z=\frac{1}{\ln x+c},$$

式中，c 为任意常数. 易知 $z=0$ 也是方程的解. 将 $z=\frac{y}{x}$ 代入上式得原方程的通解为

$$y=\frac{x}{\ln x+c}.$$

此外，$y=0$ 也是原方程的解.

【例 2.1.6】 求解方程$\dfrac{\mathrm{d}y}{\mathrm{d}x}=\dfrac{y}{x+\sqrt{x^2+y^2}}$.

解　原方程可化为

$$\frac{\mathrm{d}y}{\mathrm{d}x}=\frac{\frac{y}{x}}{1+\operatorname{sgn}(x)\sqrt{1+\left(\frac{y}{x}\right)^2}},$$

令 $z=\dfrac{y}{x}$，即 $y=xz$，$\dfrac{\mathrm{d}y}{\mathrm{d}x}=z+x\dfrac{\mathrm{d}z}{\mathrm{d}x}$，代入上述方程得

$$z+x\frac{\mathrm{d}z}{\mathrm{d}x}=\frac{z}{1+\operatorname{sgn}(x)\sqrt{1+z^2}},$$

即

$$x\frac{\mathrm{d}z}{\mathrm{d}x}=\frac{-\operatorname{sgn}(x)z\sqrt{1+z^2}}{1+\operatorname{sgn}(x)\sqrt{1+z^2}},$$

变量分离可得

$$\frac{1+\operatorname{sgn}(x)\sqrt{1+z^2}\,\mathrm{d}z}{\operatorname{sgn}(x)z\sqrt{1+z^2}}=-\frac{\mathrm{d}x}{x},$$

两边积分并代回原来变量可得 $y^2=c(2x+c)$，其中 c 为任意常数.

（2）形如

$$\frac{\mathrm{d}y}{\mathrm{d}x}=\frac{a_1x+b_1y+c_1}{a_2x+b_2y+c_2}, \tag{2-1-7}$$

的方程，其中 a_1,a_2,b_1,b_2,c_1,c_2 均为常数. 可分为如下四种情况.

① $a_1b_2-a_2b_1\neq0$，c_1，c_2 不全为零. 设 $\begin{cases}a_1x+b_1y+c_1=0,\\a_2x+b_2y+c_2=0\end{cases}$ 方程组的根为 (α,β). 引进新变量 $x=\xi+\alpha$，$y=\eta+\beta$，则方程化为齐次方程

$$\frac{\mathrm{d}\eta}{\mathrm{d}\xi}=\frac{a_1\xi+b_1\eta}{a_2\xi+b_2\eta}=g\left(\frac{\eta}{\xi}\right).$$

② $a_1b_2-a_2b_1\neq0$，$c_1=c_2=0$，则方程可直接化为

$$\frac{\mathrm{d}y}{\mathrm{d}x}=g\left(\frac{y}{x}\right).$$

上述解题的方法和步骤也适用于更一般的方程类型

$$\frac{\mathrm{d}y}{\mathrm{d}x}=f\left(\frac{a_1x+b_1y+c_1}{a_2x+b_2y+c_2}\right).$$

③ $a_1=ka_2$，$b_1=kb_2$，$c_1=kc_2$，其中 k 为常数，则方程化为

$$\frac{dy}{dx}=k,$$

其有通解 $y=kx+c$，其中 c 为任意常数.

④ $a_1=ka_2, b_1=kb_2, c_1\neq kc_2$，其中 k 为常数，令 $z=a_2x+b_2y$，则

$$\frac{dz}{dx}=a_2+b_2\frac{dy}{dx}=a_2+b_2\frac{kz+c_1}{z+c_2}$$

是变量分离方程.

【例 2.1.7】 求解方程

$$\frac{dy}{dx}=\frac{x-y-3}{x+y+1}. \tag{2-1-8}$$

解 解方程组

$$\begin{cases}x-y-3=0,\\x+y+1=0,\end{cases}$$

得解 $x=1, y=-2$. 令

$$\begin{cases}x=\xi+1,\\y=\eta-2,\end{cases}$$

则方程化为齐次方程

$$\frac{d\eta}{d\xi}=\frac{\xi-\eta}{\xi+\eta}.$$

解之得隐式通解为：$\eta^2+2\xi\eta-\xi^2=c$. 代回原变量 x 和 y，得方程(2-1-8) 的隐式通解为

$$(y+2)^2+2(x-1)(y+2)-(x-1)^2=c,$$

式中，c 为任意常数.

2.1.3 变量分离方程的应用实例

【例 2.1.8】 物理冷却过程

在 20℃空气中的某物体 2min 内从 100℃降到 80℃，试求物体的降温规律及 10min 后的温度.

解 根据热力学的牛顿冷却定理：物体温度 $x=x(t)$的变化速度与物体和所在介质温度差成正比，即

$$\frac{dx}{dt}=-k(x-x_a), \tag{2-1-9}$$

式中，$k>0$ 为比例常数（传热系数、冷却系数）；x_a 为介质温度. 上式为变量分离方程. 将变量分离，得

$$\frac{dx}{x-x_a}=-k\,dt,$$

两边积分可得

$$\ln|x-x_a|=-kt+c_1,$$

即

$$x=x_a+c\mathrm{e}^{-kt}, \tag{2-1-10}$$

将 $x_a=20, x(0)=100, x(2)=80$ 代入上式，得

$$c=80, k=\frac{\ln 4}{2},$$

于是物体的降温规律为 $x=20+80\times 2^{-t}$. 由此可见，物体温度随着时间的增加按照指数规律减少，随着时间的增加，物体温度越来越接近介质温度. 当 $t=30\text{min}$ 时，

$$x(30)=20+80\times 2^{-10}=20.078.$$

习 题 2.1

1. 解下列方程：

(1) $\frac{\mathrm{d}y}{\mathrm{d}x}=2xy$；

(2) $\frac{\mathrm{d}y}{\mathrm{d}x}=y\ln y$；

(3) $\tan y\,\mathrm{d}x-2\cot x\,\mathrm{d}y=0$；

(4) $\frac{\mathrm{d}y}{\mathrm{d}x}=\frac{1+y^2}{xy+x^3y}$；

(5) $\frac{\mathrm{d}y}{\mathrm{d}x}=2x\mathrm{e}^{2y+x^2}$；

(6) $\frac{\mathrm{d}y}{\mathrm{d}x}=\frac{\tan y}{x}$；

(7) $(y+x)\mathrm{d}y+(x-y)\mathrm{d}x=0$；

(8) $x\frac{\mathrm{d}y}{\mathrm{d}x}-y=x\tan\frac{y}{x}$；

(9) $\frac{\mathrm{d}y}{\mathrm{d}x}=(x+y)^2$，提示：$u=(x+y)$；

(10) $\frac{\mathrm{d}y}{\mathrm{d}x}=\frac{y-\sqrt{xy}}{x}$；

(11) $\frac{\mathrm{d}y}{\mathrm{d}x}=\frac{x-y+1}{x+y-3}$；

(12) $\frac{\mathrm{d}y}{\mathrm{d}x}=\frac{x-y+3}{x+y-1}$；

(13) $\frac{\mathrm{d}y}{\mathrm{d}x}=\frac{2x^3+3y^2x-7x}{3x^2y+2y^3-8y}$；

(14) $\frac{x}{y}\frac{\mathrm{d}y}{\mathrm{d}x}=f(xy)$，其中 $f(xy)=1+(xy)^2$，提示：$u=xy$.

2. 求一曲线，使它的切线介于坐标轴间的部分被切点分成相等的两段.

2.2 一阶线性微分方程

2.2.1 一阶线性微分方程

形如

$$\frac{\mathrm{d}y}{\mathrm{d}x}=p(x)y+q(x) \tag{2-2-1}$$

的方程称为**一阶线性微分方程**，其中 $p(x),q(x)$ 在所考虑的区间 I 上连续. 当 $q(x)=0$ 时，方程

$$\frac{\mathrm{d}y}{\mathrm{d}x}=p(x)y \tag{2-2-2}$$

称为**一阶齐次线性微分方程**；当 $q(x)\neq 0$ 时，方程(2-2-1) 称为**一阶非齐次线性微分方程**.

下面介绍一阶线性微分方程的解法.

首先齐次线性微分方程(2-2-2) 是变量分离方程，它的通解为

$$y=c\mathrm{e}^{\int p(x)\mathrm{d}x},$$

式中，c 是任意常数.

进一步，利用**常数变易法**求解一阶非齐次线性微分方程(2-2-1)，将上式中的常数 c 改写为函数 $c(x)$. 假设方程(2-2-1) 的解为

$$y=c(x)\mathrm{e}^{\int p(x)\mathrm{d}x}, \tag{2-2-3}$$

微分可得

$$\begin{aligned}\frac{\mathrm{d}y}{\mathrm{d}x}&=\frac{\mathrm{d}c(x)}{\mathrm{d}x}\mathrm{e}^{\int p(x)\mathrm{d}x}+c(x)p(x)\mathrm{e}^{\int p(x)\mathrm{d}x}\\&=\frac{\mathrm{d}c(x)}{\mathrm{d}x}\mathrm{e}^{\int p(x)\mathrm{d}x}+p(x)y,\end{aligned}$$

由原方程可知 $c(x)$ 满足

$$\frac{\mathrm{d}c(x)}{\mathrm{d}x}=q(x)\mathrm{e}^{-\int p(x)\mathrm{d}x},$$

积分得

$$c(x)=\int q(x)\mathrm{e}^{-\int p(x)\mathrm{d}x}\mathrm{d}x+c,$$

式中，c 为任意常数. 将上式代入式 (2-2-3)，得方程(2-2-1) 的通解为

$$y=\mathrm{e}^{\int p(x)\mathrm{d}x}\left(\int q(x)\mathrm{e}^{-\int p(x)\mathrm{d}x}\mathrm{d}x+c\right). \tag{2-2-4}$$

注 另一种解法. 可以选取适当的函数 $f(x)$，作变换 $z=f(x)y$，将方程(2-2-1) 简化为可直接积分的形式

$$\begin{aligned}\frac{\mathrm{d}z}{\mathrm{d}x}&=\frac{\mathrm{d}f}{\mathrm{d}x}y+f(x)\frac{\mathrm{d}y}{\mathrm{d}x}\\&=\frac{\mathrm{d}f}{\mathrm{d}x}y+f(x)(q(x)-p(x)y),\end{aligned}$$

即

$$\frac{\mathrm{d}z}{\mathrm{d}x}=\left(\frac{\mathrm{d}f}{\mathrm{d}x}+p(x)f(x)\right)y+q(x)f(x).$$

若 $f(x)$ 满足方程

$$\frac{\mathrm{d}f}{\mathrm{d}x}+p(x)f(x)=0,$$

则可简化原方程. 不妨取 $f(x)=\mathrm{e}^{-\int p(x)\mathrm{d}x}$，则方程(2-2-1) 简化为

$$\frac{\mathrm{d}z}{\mathrm{d}x}=q(x)\mathrm{e}^{-\int p(x)\mathrm{d}x},$$

积分得

$$z=c+\int q(x)\mathrm{e}^{-\int p(x)\mathrm{d}x}\mathrm{d}x,$$

从而得到方程(2-2-1) 的通解为

$$y=\mathrm{e}^{\int p(x)\mathrm{d}x}\left(\int q(x)\mathrm{e}^{-\int p(x)\mathrm{d}x}\mathrm{d}x+c\right).$$

【例 2.2.1】 解方程 $\frac{\mathrm{d}y}{\mathrm{d}x}=2xy+x$.

解　首先，求齐次线性微分方程

$$\frac{\mathrm{d}y}{\mathrm{d}x}=2xy$$

的通解. 变量分离得

$$\frac{\mathrm{d}y}{y}=2x\mathrm{d}x,$$

从而齐次线性微分方程的通解为 $y=c\mathrm{e}^{x^2}$，其中 c 为任意常数.

其次，应用常数变易法求非齐次线性微分方程的特解. 设 $y(x)=c(x)\mathrm{e}^{x^2}$，微分得

$$\frac{\mathrm{d}y}{\mathrm{d}x}=\frac{\mathrm{d}c(x)}{\mathrm{d}x}\mathrm{e}^{x^2}+c(x)2x\mathrm{e}^{x^2}.$$

由此可知 $c(x)$ 满足方程

$$\frac{\mathrm{d}c(x)}{\mathrm{d}x}=x\mathrm{e}^{-x^2},$$

积分得

$$c(x)=-\frac{1}{2}\mathrm{e}^{-x^2}+\bar{c}.$$

于是，原方程的通解为

$$y=\bar{c}\mathrm{e}^{x^2}-\frac{1}{2},$$

式中，$\bar{c}$ 为任意常数.

【例 2.2.2】 解方程 $\dfrac{dy}{dx}=\dfrac{y}{2x-y^2}$.

解 原方程不是未知函数 y 的线性微分方程，但可改写为

$$\frac{dx}{dy}=\frac{2x-y^2}{y}=\frac{2}{y}x-y.$$

此时

$$p(y)=\frac{2}{y},q(y)=-y.$$

由式(2-2-4) 可得

$$x=e^{\int\frac{2}{y}dy}\left(\int(-y)e^{\int-\frac{2}{y}dy}\,dy+\bar{c}\right),$$

于是，原方程的通解为 $x=y^2(\bar{c}-\ln|y|)$,其中 $\bar{c}$ 为任意常数.

2.2.2 伯努利方程

下面来求解形如

$$\frac{dy}{dx}=p(x)y+q(x)y^n,\quad n\neq 0,1 \tag{2-2-5}$$

的方程，即**伯努利（Bernoulli）方程**，其中 $p(x)$,$q(x)$是连续函数.

当 $y\neq 0$ 时，方程两边同时除以 y^n,得

$$\frac{1}{y^n}\frac{dy}{dx}=p(x)\frac{1}{y^{n-1}}+q(x),$$

令 $z=\dfrac{1}{y^{n-1}}$，则

$$\begin{aligned}\frac{dz}{dx}&=(1-n)\frac{1}{y^n}\frac{dy}{dx}=(1-n)p(x)z+(1-n)q(x)\\&=\tilde{p}(x)z+\tilde{q}(x).\end{aligned} \tag{2-2-6}$$

这是一阶线性微分方程，可根据常数变易法求解，然后代入原来的变量，从而得到伯努利方程(2-2-5) 的通解. 特别地，当 $n>0$ 时，$y=0$ 也是方程的解.

【例 2.2.3】 求方程$\dfrac{dy}{dx}=6xy-xy^2$ 的通解.

解 这是伯努利微分方程，$n=2$. 令 $z=y^{-1}$,则

$$\frac{dz}{dx}=-y^{-2}\frac{dy}{dx}=-6xz+x,$$

解上述方程得

$$z=ce^{-3x^2}+\frac{1}{6}.$$

代回原来的变量 y，得到

$$\frac{1}{y}=c\mathrm{e}^{-3x^2}+\frac{1}{6},$$

式中，c 为任意常数. 这就是原方程的通解. 另外，$y=0$ 也是方程的解.

2.2.3　里卡提（Riccati）方程

形如

$$y'=p(x)y^2+q(x)y+r(x) \tag{2-2-7}$$

的方程称为**里卡提方程**，其中 $p(x)\neq 0, r(x)\neq 0$. 只要 $b(x)\neq 0$，二阶齐次线性方程

$$y''+b(x)y'+a(x)y=0$$

经变换 $y'=-uy$ 便可化成里卡提方程

$$u'=u^2-b(x)u+a(x).$$

对里卡提方程(2-2-7)，如果能找到它的一个解 $y=\varphi(x)$，则经变换可化为能求解的伯努利方程

$$u'=p(x)u^2+(2p(x)\varphi(x)+q(x))u.$$

对于比较特殊的里卡提方程

$$y'=y^2+rx^{\alpha},$$

式中，$r\neq 0$；α 是实数. 早在 1724—1725 年伯努利已经证明了：当

$$\alpha=\frac{4k}{1-2k}, k=0,\pm 1,\cdots,\pm\infty, \tag{2-2-8}$$

即 $4\alpha/(2\alpha+4)$是整数或无穷时，可以通过有限次变换化成变量可分离方程，从而能用初等积分法求解. 但是 1841 年刘维尔（Liouville，1809—1882）证明了：当 α 不取式(2-2-8) 这样的值时，方程(2-2-7) 肯定不能用初等积分法求解. 这一重要事实使人们认识到，即使形式上简单到如 $y'=y^2+x^2$ 的方程也未必能用初等积分法求解. 由此人们不再把主要精力放在用初等积分法求解微分方程上，转而考虑怎样根据方程自身的特点去分析推断其解的属性. 人们不再刻意在乎方程解的解析表达式，而希望获得一个相对满意的近似结果，甚至不在乎方程的近似解，而直接由方程表达式的特点准确判定解是否具有周期性、有界性、稳定性等，因为这些性质才是人们真正关心的实质性问题. 这促使微分方程的研究进入一个新的时期.

里卡提方程还曾用于证明**贝塞尔（Bessel）方程**的解不是初等函数，在现代控制论和向量场分支理论的问题中也有重要应用.

【例 2.2.4】 求解方程

$$y'\mathrm{e}^{-x}+y^2-2y\mathrm{e}^{x}=1-\mathrm{e}^{2x}.$$

解　此方程可变形为

$$y'+\mathrm{e}^{x}y^2-2y\mathrm{e}^{2x}=\mathrm{e}^{x}-\mathrm{e}^{3x},$$

它是里卡提方程. 观察方程的特点知它有特解 $y=e^x$. 令 $y=e^x+z$，则方程变为伯努利方程 $z'+e^x z^2=0$,其通解为

$$z=\frac{1}{e^x+c}.$$

所以，原方程的通解为

$$y=\frac{1}{e^x+c}+e^x,$$

式中，c 为任意常数.

习 题 2.2

1. 求下列方程的解.

(1) $\frac{dy}{dx}=y+2\sin x$;

(2) $\frac{dy}{dx}+3y=e^x$;

(3) $\frac{dy}{dx}+2xy=4x$;

(4) $\frac{dy}{dx}+3y=2$;

(5) $\frac{dy}{dx}+\frac{1-2x}{x^2}y=1$;

(6) $\frac{dy}{dx}=\frac{2}{x}y+\frac{1}{2}x$;

(7) $\frac{ds}{dt}=-s\cos t+\frac{1}{2}\sin 2t$;

(8) $\frac{di}{dt}-6i=10\sin 2t$;

(9) $x\frac{dy}{dx}+y=x^2$;

(10) $xy\,dy=(2y^2-x)dx$;

(11) $(y\ln x-2)y\,dx=x\,dy$;

(12) $\frac{dy}{dx}=\frac{y}{x}+\frac{1}{x}+1$;

(13) $\frac{dy}{dx}=-\frac{1}{3}y+\frac{1}{3}(1-2x)y^4$;

(14) $(x^2-1)\frac{dy}{dx}-xy+1=0$;

(15) $\frac{dy}{dx}-y=xy^5$;

(16) $\frac{dy}{dx}=x^3y^3-xy$.

2. 求曲线，使其切线在纵轴上的截距等于切点的横坐标.

3. 已知 $p(x)$,$q(x)$是区间$[0,\infty)$上的连续函数，$y_0=y(0)$. 如果 $y=y(x)$满足不等式

$$\frac{dy}{dx}+p(x)y\leqslant q(x),\quad x\geqslant 0,$$

则有

$$y(x)\leqslant e^{-\int_0^x p(t)dt}\left(y_0+\int_0^x q(t)e^{\int_0^t p(s)ds}dt\right);$$

另外，如果 $y=y(x)$满足不等式

$$\frac{\mathrm{d}y}{\mathrm{d}x}+p(x)y\geqslant q(x),\quad x\geqslant 0,$$

则有

$$y(x)\geqslant \mathrm{e}^{-\int_0^x p(t)\mathrm{d}t}\left(y_0+\int_0^x q(t)\mathrm{e}^{\int_0^t p(s)\mathrm{d}s}\mathrm{d}t\right).$$

4. 设函数 $f(t)$ 在 $[0,+\infty)$ 上连续且有界，试证明：方程

$$\frac{\mathrm{d}x}{\mathrm{d}t}+x=f(t)$$

的所有解均在 $[0,+\infty)$ 上有界.

2.3　恰当微分方程与积分因子

2.3.1　恰当方程

一阶方程 $\frac{\mathrm{d}y}{\mathrm{d}x}=f(x,y)$ 可改写为 $f(x,y)\mathrm{d}x-\mathrm{d}y=0$. 下面写出具有对称形式的一阶微分方程

$$M(x,y)\mathrm{d}x+N(x,y)\mathrm{d}y=0,\tag{2-3-1}$$

式中，$M(x,y)$，$N(x,y)$ 是某矩形域内的连续函数，且具有连续的一阶偏导数. 称方程(2-3-1)为**恰当方程**，如果方程(2-3-1)的左端恰好是某个二元函数 $u(x,y)$ 的全微分，即

$$\mathrm{d}u(x,y)=\frac{\partial u}{\partial x}\mathrm{d}x+\frac{\partial u}{\partial y}\mathrm{d}y=M(x,y)\mathrm{d}x+N(x,y)\mathrm{d}y,$$

或者

$$\frac{\partial u}{\partial x}=M(x,y),\frac{\partial u}{\partial y}=N(x,y).\tag{2-3-2}$$

很明显，$\mathrm{d}u(x,y)=0$，故方程(2-3-1)的隐式通解为

$$u(x,y)=c,\tag{2-3-3}$$

式中，c 是任意常数.

现在有三个问题：

① 如何判断微分方程(2-3-1)是否为恰当方程？

② 当方程(2-3-1)是恰当方程时，如何求得它的通解？

③ 如果微分方程(2-3-1)不是恰当方程，是否可以把它变为恰当方程？

下面的定理回答了前两个问题.

定理 2.3.1　设 $M(x,y)$ 和 $N(x,y)$ 均于矩形域 $G:a<x<b,\alpha<y<\beta$ 连续可微. 则方程(2-3-1)是恰当方程的充分必要条件为

$$M_y(x,y)=N_x(x,y),(x,y)\in G.\tag{2-3-4}$$

而且当式(2-3-4) 成立时，相应的原函数可取为

$$u(x,y)=\int_{x_0}^{x} M(s,y)\mathrm{d}s+\int_{y_0}^{y} N(x_0,t)\mathrm{d}t, \tag{2-3-5}$$

或

$$u(x,y)=\int_{x_0}^{x} M(s,y_0)\mathrm{d}s+\int_{y_0}^{y} N(x,t)\mathrm{d}t, \tag{2-3-6}$$

式中，$(x_0,y_0)\in G$ 是任意取定的一点.

证明 必要性. 若方程(2-3-1) 是恰当方程，则有可微函数 $u(x,y)$满足式(2-3-2). 从而

$$M_y(x,y)\equiv u_{yx}(x,y)=u_{xy}(x,y)\equiv N_x(x,y),$$

即式(2-3-4) 成立.

充分性. 即从式(2-3-4) 成立推证由式(2-3-5) 或式(2-3-6) 所表示的函数 $u(x,y)$满足式(2-3-2).

从式(2-3-5) 知，$u_x(x,y)\equiv M(x,y)$,

$$\begin{aligned} u_y(x,y) &\equiv \frac{\partial}{\partial y}\int_{x_0}^{x} M(s,y)\mathrm{d}s+N(x_0,y) \\ &=\int_{x_0}^{x} M_y(s,y)\mathrm{d}s+N(x_0,y) \\ &=\int_{x_0}^{x} N_s(s,y)\mathrm{d}s+N(x_0,y)=N(x,y), \end{aligned}$$

即式(2-3-2) 成立. 同理也可从式(2-3-6) 推证式(2-3-2).

【例 2.3.1】 求$(2x+6xy^2)\mathrm{d}x+(6x^2y+3y^2)\mathrm{d}y=0$ 的通解.

解 这里 $M=2x+6xy^2, N=6x^2y+3y^2$, 由

$$\frac{\partial M}{\partial y}=12xy=\frac{\partial N}{\partial x}$$

知方程是恰当方程. 现在求 u.

方法 1 $M(x,y)$及 $N(x,y)$在整个 xOy 平面都连续可微. 不妨选取 $x_0=0$, $y_0=0$，故

$$u(x,y)=\int_0^x (3s^2+6sy^2)\mathrm{d}s+\int_0^y 4t^3\mathrm{d}t,$$

即方程的通解为

$$x^3+3x^2y^2+y^4=c,$$

式中，c 为任意常数.

方法 2 u 同时满足如下两个方程：

$$\frac{\partial u}{\partial x}=2x+6xy^2, \frac{\partial u}{\partial y}=6x^2y+3y^2.$$

第一个方程对 x 积分得

$$u=x^2+3x^2y^2+\varphi(y).$$

然后将上式对 y 求导，并使它满足$\frac{\partial u}{\partial y}=6x^2y+3y^2$，得

$$\frac{\partial u}{\partial y}=6x^2y+\frac{\mathrm{d}\varphi(y)}{\mathrm{d}y}=6x^2y+3y^2,$$

于是

$$\frac{\mathrm{d}\varphi(y)}{\mathrm{d}y}=3y^2,$$

解之得

$$\varphi(y)=y^3,$$

从而

$$u=x^2+3x^2y^2+y^3.$$

因此原方程的通解为 $x^2+3x^2y^2+y^3=c$，其中 c 为任意常数.

【例 2.3.2】 求解方程 $2xy\mathrm{d}x+(x^2+y)\mathrm{d}y=0$ 满足初值条件 $y(0)=1$ 的解.

解 由于

$$\frac{\partial M}{\partial y}=2x=\frac{\partial N}{\partial x},$$

故方程是恰当方程，因而所求初值问题的积分为

$$\int_0^x(2sy)\mathrm{d}s+\int_1^y t\,\mathrm{d}t=0,$$

即

$$2x^2y+y^2-1=0.$$

因此，所求初值问题的解为

$$y=-x^2+\sqrt{x^2+1}.$$

“分项组合法”是求解恰当方程的另外一个方法. 首先把那些本身已经构成全微分的项分出，再把剩余的项凑成全微分. 这种方法要求熟记一些简单二元函数的全微分，如

$$\mathrm{d}(xy)=y\mathrm{d}x+x\mathrm{d}y,$$

$$\mathrm{d}\left(\frac{y}{x}\right)=\frac{x\mathrm{d}y-y\mathrm{d}x}{x^2},$$

$$\mathrm{d}\left(\frac{x}{y}\right)=\frac{y\mathrm{d}x-x\mathrm{d}y}{y^2},$$

$$\mathrm{d}\left(\ln\left|\frac{x}{y}\right|\right)=\frac{y\mathrm{d}x-x\mathrm{d}y}{xy},$$

$$\mathrm{d}\left(\ln\left|\frac{y}{x}\right|\right)=\frac{x\mathrm{d}y-y\mathrm{d}x}{xy},$$

$$\mathrm{d}\left(\arctan\frac{y}{x}\right)=\frac{x\mathrm{d}y-y\mathrm{d}x}{x^2+y^2},$$

$$d\left(\arctan\frac{x}{y}\right)=\frac{y\,dx-x\,dy}{x^2+y^2},$$

$$d\left(\frac{1}{2}\ln\left|\frac{x-y}{x+y}\right|\right)=\frac{y\,dx-x\,dy}{x^2-y^2}.$$

【例 2.3.3】 利用“分项组合”方法求解例 2.3.1.

解 把方程“分项组合”得

$$2x\,dx+3y^2\,dy+6xy^2\,dx+6x^2y\,dy=0,$$

即

$$dx^2+dy^3+3y^2\,dx^2+3x^2\,dy^2=0,$$

或

$$d(x^2+y^3+3x^2y^2)=0.$$

于是方程的通解为 $x^2+y^3+3x^2y^2=c$，其中 c 为任意常数.

【例 2.3.4】 求解方程 $\left(x^2+\frac{1}{y}\right)dx+\left(\frac{1}{y}-\frac{x}{y^2}\right)dy=0$.

解 由于 $\frac{\partial M}{\partial y}=-\frac{1}{y^2}=\frac{\partial N}{\partial x}$，原方程是恰当方程.将原方程进行“分项组合”，得

$$x^2\,dx+\frac{1}{y}dy+\left(\frac{1}{y}dx-\frac{x}{y^2}dy\right)=0,$$

即

$$d\left(\frac{x^3}{3}\right)+d\ln|y|+\frac{y\,dx-x\,dy}{y^2}=0,$$

或

$$d\left(\frac{x^3}{3}+\ln|y|+\frac{x}{y}\right)=0.$$

于是，方程的通解为 $\frac{x^3}{3}+\ln|y|+\frac{x}{y}=c$，其中 c 为任意常数.

2.3.2 积分因子

由于恰当方程可以比较方便地求出通解，于是人们想能否将非恰当方程化为恰当方程呢？由此就引入了积分因子的概念.

对于非恰当方程(2-3-1)，如果存在连续可微函数 $\mu(x,y)\neq 0$，使得方程

$$\mu(x,y)M(x,y)\,dx+\mu(x,y)N(x,y)\,dy=0 \tag{2-3-7}$$

是一个恰当微分方程，即存在函数 v，使

$$dv\equiv\mu M\,dx+\mu N\,dy,$$

则称函数 $\mu(x,y)$ 为方程(2-3-1) 的**积分因子**.

$v(x,y)=c$ 是恰当方程(2-3-4) 的通解，因而也是方程(2-3-1) 的解.

方程 $y\mathrm{d}x-x\mathrm{d}y=0$ 的积分因子可以取$\frac{1}{y^2},\frac{1}{x^2},\frac{1}{xy},\frac{1}{x^2\pm y^2}$. 容易证明，只要方程有解存在，则必有积分因子存在，但不唯一. 因此，不同的积分因子对应不同的通解形式.

如果函数 $M=M(x,y),N=N(x,y)$ 和函数 $\mu=\mu(x,y)$ 都是连续可微的. 则由方程(2-3-7) 为恰当方程知，$\mu=\mu(x,y)$ 为方程(2-3-1) 的积分因子的充要条件为

$$\frac{\partial(\mu M)}{\partial y}=\frac{\partial(\mu N)}{\partial x},$$

即

$$N\frac{\partial\mu}{\partial x}-M\frac{\partial\mu}{\partial y}=\left(\frac{\partial M}{\partial y}-\frac{\partial N}{\partial y}\right)\mu. \tag{2-3-8}$$

这是一个以 $\mu=\mu(x,y)$ 为未知函数的一阶线性偏微分方程. 一般情况下，求解方程(2-3-8) 中的 μ 比求解方程(2-3-1) 中的 y 更困难. 但是在特殊情形下，方程(2-3-8) 特殊形式的积分因子是可以求出的. 下面的定理回答了前面提出的第 3 个问题.

定理 2.3.2　设函数 $M=M(x,y),N=N(x,y)$ 和 $\varphi=\varphi(x,y)$ 在矩形域 $a<x<b,c<y<d$ 连续可微，则方程(2-3-1) 有形如 $\mu=\mu(\varphi(x,y))$ 的积分因子的充要条件是

$$\frac{\dfrac{\partial M}{\partial y}-\dfrac{\partial N}{\partial x}}{N\dfrac{\partial\varphi}{\partial x}-M\dfrac{\partial\varphi}{\partial y}}=\nu(\varphi(x,y)),$$

则函数 $\mu=\mathrm{e}^{\int\nu(\varphi)\mathrm{d}\varphi}$ 为方程(2-3-1) 的积分因子.

下面给出几种特殊形式的积分因子.

① 方程(2-3-1) 存在只与 x 有关的积分因子 $\mu=\mu(x)$，则由定理 2.3.2 知，

$$\frac{\dfrac{\partial M}{\partial y}-\dfrac{\partial N}{\partial x}}{N}=\psi(x),$$

因此积分因子为

$$\mu=\mathrm{e}^{\int\psi(x)\mathrm{d}x}.$$

② 方程(2-3-1) 存在只与 y 有关的积分因子 $\mu=\mu(y)$，则由定理 2.3.2 知，

$$\frac{\dfrac{\partial M}{\partial y}-\dfrac{\partial N}{\partial x}}{-M}=\phi(y),$$

因此积分因子为

$$\mu=\mathrm{e}^{\int\phi(y)\mathrm{d}y}.$$

③ 方程(2-3-1) 存在只与 xy 有关的积分因子 $\mu=\mu(xy)$，则由定理 2.3.2 知，

$$\frac{\dfrac{\partial M}{\partial y}-\dfrac{\partial N}{\partial x}}{yN-xM}=\gamma(xy),$$

因此积分因子为

$$\mu=\mathrm{e}^{\int\gamma(u)\mathrm{d}u}\Big|_{u=xy}.$$

④ 方程(2-3-1) 存在只与 $x+y$ 有关的积分因子 $\mu=\mu(x+y)$，则由定理 2.3.2 知，

$$\frac{\dfrac{\partial M}{\partial y}-\dfrac{\partial N}{\partial x}}{N-M}=\sigma(x+y),$$

因此积分因子为

$$\mu=\mathrm{e}^{\int\sigma(u)\mathrm{d}u}\Big|_{u=x+y}.$$

【例 2.3.5】 解方程 $(y^2-3xy+3x)\mathrm{d}x+(xy-x^2)\mathrm{d}y=0$.

解 这里 $M=y^2-3xy+3x, N=xy-x^2, \dfrac{\partial M}{\partial y}=2y-3x, \dfrac{\partial N}{\partial x}=y-2x$, 不是恰当方程.

因为

$$\frac{\dfrac{\partial M}{\partial y}-\dfrac{\partial N}{\partial x}}{N}=\frac{1}{x}$$

只与 x 有关，方程有只与 x 有关的积分因子

$$\mu=\mathrm{e}^{\int\frac{1}{x}\mathrm{d}x}=x.$$

用它乘原方程得

$$(xy^2-3x^2y+3x^2)\mathrm{d}x+(x^2y-x^3)\mathrm{d}y=0.$$

因而通解为 $\dfrac{1}{2}x^2y^2-x^3y+x^3=c$, 其中 c 为任意常数.

【例 2.3.6】 解方程 $y\mathrm{d}x+(1-x)\mathrm{d}y=0$.

解 这里 $M=y, N=1-x, \dfrac{\partial M}{\partial y}=1, \dfrac{\partial N}{\partial x}=-1$, 不是恰当方程. 因为

$$\frac{\dfrac{\partial M}{\partial y}-\dfrac{\partial N}{\partial x}}{-M}=-\frac{2}{y}$$

只与 y 有关，从而方程有只与 y 有关的积分因子

$$\mu=\mathrm{e}^{-\int\frac{2}{y}\mathrm{d}y}=\frac{1}{y^2}.$$

用它乘原方程得

$$\frac{y\mathrm{d}x-x\mathrm{d}y}{y^2}+\frac{1}{y^2}\mathrm{d}y=0.$$

因而通解为 $x-1=cy$，其中 c 为任意常数.

2.3.3　恰当微分方程的物理背景

设在平面 xOy 上有一力场

$$\boldsymbol{F}=M(x,y)\boldsymbol{i}+N(x,y)\boldsymbol{j}.$$

现在求与力场 $\boldsymbol{F}$ 处处垂直的曲线 C. 即处处有

$$\frac{\mathrm{d}y}{\mathrm{d}x}=-\frac{M(x,y)}{N(x,y)},$$

或

$$M(x,y)\mathrm{d}x+N(x,y)\mathrm{d}y=0.$$

此问题化为求解方程(2-3-1).

假设力场 $\boldsymbol{F}$ 存在位势函数 $V(x,y)$，则

$$\frac{\partial V}{\partial x}=M(x,y),\ \frac{\partial V}{\partial y}=N(x,y).$$

故方程(2-3-1) 是恰当方程，它的通解为 $V(x,y)=c$，其中 c 为任意常数. 上式确定的曲线是力场 $\boldsymbol{F}$ 的等位线. 力场 $\boldsymbol{F}$ 沿等位线是不做功的，因此必然处处与力场垂直.

习 题 2.3

1. 求下列方程的解.

(1) $(\mathrm{e}^x+3y^2)\mathrm{d}x+6xy\mathrm{d}y=0$；

(2) $2xy\mathrm{d}x+(x^2-y^2)\mathrm{d}y=0$；

(3) $\mathrm{e}^{-y}\mathrm{d}x-(3y^2+x\mathrm{e}^{-y})\mathrm{d}y=0$；

(4) $(3x^2+2y)\mathrm{d}x+2x\mathrm{d}y=0$；

(5) $(y-1-xy)\mathrm{d}x+x\mathrm{d}y=0$；

(6) $(1+y^2\sin 2x)\mathrm{d}x-y\cos 2x\mathrm{d}y=0$；

(7) $y\mathrm{d}x-x\mathrm{d}y+(x^2+y^2)\mathrm{d}x=0$；

(8) $(x+2y)\mathrm{d}x+x\mathrm{d}y=0$.

2. 求下列方程的积分因子.

(1) $(x^2+y^2+x)\mathrm{d}x+xy\mathrm{d}y=0$；

(2) $(xy+y^2\mathrm{d}y)\mathrm{d}x+(xy+y+1)\mathrm{d}y=0$；

(3) $\left(2xy+x^2y+\frac{y^3}{3}\right)\mathrm{d}x+(x^2+y^2)\mathrm{d}y=0$；

(4) 变量分离方程 $f(x)g(y)\mathrm{d}x+p(x)q(y)\mathrm{d}y=0$；

(5) 线性方程 $\mathrm{d}y=[p(x)y+f(x)]\mathrm{d}x$.

3. 试证齐次微分方程 $M(x,y)\mathrm{d}x+N(x,y)\mathrm{d}y=0$ 当 $xM+yN\neq 0$ 时，积分因子为

$$\mu=\frac{1}{xM+yN}.$$

2.4 一阶隐式微分方程

一阶隐式微分方程的一般形式为

$$F\left(x,y,\frac{\mathrm{d}y}{\mathrm{d}x}\right)=0. \tag{2-4-1}$$

如果能够从方程(2-4-1)中解得$\frac{\mathrm{d}y}{\mathrm{d}x}=f(x,y)$,则可以根据$f(x,y)$的具体形式利用前面介绍的方法进行求解.如果无法从方程(2-4-1)中求解出$\frac{\mathrm{d}y}{\mathrm{d}x}$，或即使能够解出来，但是表达式相当复杂，那么我们可以采用引进参数的方法进行求解.这里主要介绍下面四种类型方程的解法：

① $y=f\left(x,\frac{\mathrm{d}y}{\mathrm{d}x}\right)$；　② $x=f\left(y,\frac{\mathrm{d}y}{\mathrm{d}x}\right)$；

③ $F\left(x,\frac{\mathrm{d}y}{\mathrm{d}x}\right)=0$；　④ $F\left(y,\frac{\mathrm{d}y}{\mathrm{d}x}\right)=0$.

2.4.1 可解出 y 的方程

若方程(2-4-1)可化为

$$y=f\left(x,\frac{\mathrm{d}y}{\mathrm{d}x}\right) \tag{2-4-2}$$

其中函数$f\left(x,\frac{\mathrm{d}y}{\mathrm{d}x}\right)$有连续的偏导数.引进参数$p=\frac{\mathrm{d}y}{\mathrm{d}x}$,则方程(2-4-2)可变为

$$y=f(x,p), \tag{2-4-3}$$

两边对x求导，并将$\frac{\mathrm{d}y}{\mathrm{d}x}=p$代入可得

$$\frac{\mathrm{d}y}{\mathrm{d}x}=\frac{\partial f}{\partial x}+\frac{\partial f}{\partial p}\frac{\mathrm{d}p}{\mathrm{d}x},$$

即

$$p=\frac{\partial f}{\partial x}+\frac{\partial f}{\partial p}\frac{\mathrm{d}p}{\mathrm{d}x}. \tag{2-4-4}$$

方程(2-4-4)是关于x,p的一阶微分方程，且它的导数已经解出.利用前面所学的几种方法可以求出它的解p.

如果已经求得方程(2-4-4)的通解为$p=\varphi(x,c)$,将之代入方程(2-4-3)可得方程(2-4-2)的通解为

$$y=f(x,\varphi(x,c)),$$

式中，c 为任意常数.

如果求得方程(2-4-4) 的通解为 $x=\varphi(p,c)$，则可得方程(2-4-2) 参数形式的通解为

$$\begin{cases} x=\varphi(p,c), \\ y=f(\varphi(p,c),p), \end{cases}$$

式中，p 为参数；c 为任意常数.

如果求得方程(2-4-4) 的通解为 $\Psi(x,p,c)=0$，则可得方程(2-4-2) 参数形式的通解为

$$\begin{cases} \Psi(x,p,c)=0, \\ y=f(\varphi(p,c),p), \end{cases}$$

式中，p 为参数；c 为任意常数.

【例 2.4.1】 求方程 $\left(\frac{\mathrm{d}y}{\mathrm{d}x}\right)^3-2x\frac{\mathrm{d}y}{\mathrm{d}x}+y=0$ 的解.

解 令 $\frac{\mathrm{d}y}{\mathrm{d}x}=p$，可解出 y 为

$$y=2xp-p^3, \tag{2-4-5}$$

两边关于 x 求导，得

$$p=2p+2x\frac{\mathrm{d}p}{\mathrm{d}x}-3p^2\frac{\mathrm{d}p}{\mathrm{d}x},$$

即

$$p\mathrm{d}x+2x\mathrm{d}p-3p^2\mathrm{d}p=0, \tag{2-4-6}$$

由 $M=p$，$N=2x-3p^2$，可知

$$\frac{\partial M}{\partial p}=1, \frac{\partial N}{\partial x}=2.$$

该方程不是恰当方程，但是

$$\frac{\frac{\partial M}{\partial p}-\frac{\partial N}{\partial x}}{-M}=\frac{1}{p},$$

因此该方程有只与 p 有关的积分因子

$$\mu=\mathrm{e}^{\int\frac{1}{p}\mathrm{d}p}=p.$$

当 $p\neq 0$ 时，方程(2-4-6) 两边同时乘以 p 可得 $p^2\mathrm{d}x+2xp\mathrm{d}p-3p^3\mathrm{d}p=0$，这是一恰当微分方程，可得 $xp^2-\frac{3}{4}p^4=c$. 可解出 x 为

$$x=\frac{c}{p^2}+\frac{3}{4}p^2,$$

将其代入方程(2-4-5) 可得

$$y=\frac{2c}{p}+\frac{3}{2}p^3-p^3=\frac{2c}{p}+\frac{1}{2}p^3.$$

因此原方程的参数形式的通解为

$$\begin{cases} x=\dfrac{c}{p^2}+\dfrac{3}{4}p^2, \\ y=\dfrac{2c}{p}+\dfrac{1}{2}p^3, \end{cases}$$

式中，$p\neq 0$ 为参数；c 为任意常数.

当 $p=0$ 时，由原方程可直接得到 $y=0$ 也是方程的解.

【例 2.4.2】 求方程 $\left(\frac{\mathrm{d}y}{\mathrm{d}x}\right)^2+x\frac{\mathrm{d}y}{\mathrm{d}x}+x^2+3y=0$ 的解.

解 令 $\frac{\mathrm{d}y}{\mathrm{d}x}=p$，代入原方程得

$$-3y=p^2+xp+x^2, \tag{2-4-7}$$

两边同时关于 x 求导，可得

$$-3p=2p\frac{\mathrm{d}p}{\mathrm{d}x}+p+x\frac{\mathrm{d}p}{\mathrm{d}x}+2x,$$

即

$$\left(\frac{\mathrm{d}p}{\mathrm{d}x}+2\right)(2p+x)=0.$$

由 $\frac{\mathrm{d}p}{\mathrm{d}x}+2=0$ 可得

$$p=-2x+c,$$

将它代入方程(2-4-7) 可得原方程的通解

$$y=-x^2+cx-\frac{1}{3}c^2. \tag{2-4-8}$$

又由 $2p+x=0$ 可得

$$\frac{\mathrm{d}y}{\mathrm{d}x}=p=-\frac{x}{2},$$

将其代入方程(2-4-7) 得

$$y=-\frac{x^2}{4}.$$

这个特解与方程通解式(2-4-8) 中的每一条积分曲线均相切，称这种解为**奇解**.

2.4.2 可解出 x 的方程

若方程(2-4-1) 可化为

$$x=f\left(y,\frac{\mathrm{d}y}{\mathrm{d}x}\right), \tag{2-4-9}$$

其求解方法与可解出 y 的方程类似.

假设函数 $f\left(y,\frac{\mathrm{d}y}{\mathrm{d}x}\right)$有连续的偏导数，引进参数 $p=\frac{\mathrm{d}y}{\mathrm{d}x}$,则方程(2-4-9) 可变形为

$$x=f(y,p), \tag{2-4-10}$$

在式(2-4-10) 两边求关于 x 的导数，有

$$1=\frac{\partial f}{\partial y}\frac{\mathrm{d}y}{\mathrm{d}x}+\frac{\partial f}{\partial p}\frac{\mathrm{d}p}{\mathrm{d}y}\frac{\mathrm{d}y}{\mathrm{d}x},$$

即

$$\frac{1}{p}=\frac{\partial f}{\partial y}+\frac{\partial f}{\partial p}\frac{\mathrm{d}p}{\mathrm{d}y}. \tag{2-4-11}$$

该方程是关于 y,p 的一阶微分方程，可根据前面所学方法进行求解.

如果已经求得方程(2-4-11) 的通解为 $p=\psi(y,c)$,将之代入式(2-4-10) 可得方程(2-4-9) 的通解为

$$x=f(y,\psi(y,c)),$$

式中，c 为任意常数.

如果求得方程(2-4-11) 的通解为 $y=\psi(p,c)$,则可得方程(2-4-9) 参数形式的通解为

$$\begin{cases}x=f(\psi(p,c),c),\\ y=\psi(p,c),\end{cases}$$

式中，p 为参数；c 为任意常数.

如果求得方程(2-4-11) 的通解为 $\Psi(y,p,c)=0$,则可得方程(2-4-9) 参数形式的通解为

$$\begin{cases}x=f(y,p),\\ \Psi(y,p,c)=0,\end{cases}$$

式中，p 为参数；c 为任意常数.

【例 2.4.3】 求方程$\left(\frac{\mathrm{d}y}{\mathrm{d}x}\right)^3-2x\frac{\mathrm{d}y}{\mathrm{d}x}+y=0$ 的解.

解　令$\frac{\mathrm{d}y}{\mathrm{d}x}=p$,可解出 x 为

$$x=\frac{y+p^3}{2p}, \tag{2-4-12}$$

两边同时关于 y 求导，可得

$$\frac{1}{p}=\frac{p\left(1+3p^2\frac{\mathrm{d}p}{\mathrm{d}y}\right)-(y+p^3)\frac{\mathrm{d}p}{\mathrm{d}y}}{2p^2},$$

即

$$p\mathrm{d}y+y\mathrm{d}p-2p^{3}\mathrm{d}p=0,$$

移项有 $\mathrm{d}(yp)-\dfrac{1}{2}\mathrm{d}p^{4}=0$，

解出 y 可得

$$y=\frac{c}{p}+\frac{1}{2}p^{3},$$

将其代入式(2-4-12) 可得

$$x=\frac{\dfrac{c}{p}+\dfrac{1}{2}p^{3}+p^{3}}{2p}=\frac{3}{4}p^{2}+\frac{c}{2p^{2}}.$$

即
$$\begin{cases}x=\dfrac{3}{4}p^{2}+\dfrac{c}{2p^{2}},\\ y=\dfrac{c}{p}+\dfrac{1}{2}p^{3},\end{cases}$$

令 $\dfrac{c}{2}=\bar{c}$，则

$$\begin{cases}x=\dfrac{\bar{c}}{p^{2}}+\dfrac{3}{4}p^{2},\\ y=\dfrac{2\bar{c}}{p}+\dfrac{1}{2}p^{3},\end{cases}$$

式中，$p\neq 0$ 为参数；$\bar{c}$ 为任意常数.

当 $p=0$ 时，由原方程可直接得到 $y=0$ 也是方程的解. 这和例 2.4.1 所得结果完全一样.

2.4.3 不显含 y 的方程

考虑方程

$$F\left(x,\frac{\mathrm{d}y}{\mathrm{d}x}\right)=0. \tag{2-4-13}$$

记 $p=\dfrac{\mathrm{d}y}{\mathrm{d}x}$，则方程(2-4-13) 可变为 $F(x,p)=0$. 从几何的观点看，其代表 xOp 平面上的一条曲线. 假设这条曲线可以适当的参数形式表示为

$$\begin{cases}x=\sigma(t),\\ p=\tau(t),\end{cases} \tag{2-4-14}$$

式中，t 为参数. 另外，对于方程(2-4-13) 的任一解，即沿方程的任一条积分曲线恒成立

$$\mathrm{d}y=p\,\mathrm{d}x.$$

将式(2-4-14) 代入上式得

$$\mathrm{d}y=\tau(t)\sigma'(t)\mathrm{d}t,$$

两边同时积分可得

$$y=\int\tau(t)\sigma'(t)\mathrm{d}t+c,$$

因此方程(2-4-13) 的参数形式的通解为

$$\begin{cases}x=\sigma(t),\\ y=\int\tau(t)\sigma'(t)\mathrm{d}t+c,\end{cases}$$

式中，c 为任意常数.

【例 2.4.4】 求解方程 $x^2+\left(\frac{\mathrm{d}y}{\mathrm{d}x}\right)^2-2x=0$.

解 令$\frac{\mathrm{d}y}{\mathrm{d}x}=p$，则方程变为 $x^2+p^2-2x=0$. 令 $p=tx$，则

$$x=\frac{2}{1+t^2},p=\frac{2t}{1+t^2}.$$

于是

$$\mathrm{d}y=-\frac{8t^2}{(1+t^2)^3}\mathrm{d}t,$$

两边积分得

$$y=-\int\frac{8t^2}{(1+t^2)^3}\mathrm{d}t=\frac{t-t^3}{(1+t^2)^2}+\arctan t+c,$$

因此，方程的通解可表示为参数形式

$$\begin{cases}x=\frac{2}{1+t^2},\\ y=\frac{t-t^3}{(1+t^2)^2}+\arctan t+c,\end{cases}$$

式中，c 为任意常数.

2.4.4　不显含 x 的方程

考虑方程

$$F\left(y,\frac{\mathrm{d}y}{\mathrm{d}x}\right)=0. \tag{2-4-15}$$

记 $p=\frac{\mathrm{d}y}{\mathrm{d}x}$,则方程(2-4-15) 化为 $F(x,p)=0$. 从几何的观点来看，其代表 xOp 平面上的一条曲线. 假设这条曲线可以适当的参数形式表示为

$$\begin{cases}y=\sigma(t),\\ p=\tau(t),\end{cases} \tag{2-4-16}$$

式中，t 为参数. 另外，对于方程(2-4-15)的任一解，即沿方程的任一条积分曲线，恒成立

$$dy=p\,dx. \tag{2-4-17}$$

将式(2-4-16)代入式(2-4-17)可得，

$$\sigma'(t)dt=\tau(t)dx,$$

即

$$dx=\frac{\sigma'(t)}{\tau(t)}dt,$$

两边同时积分可得

$$x=\int\frac{\sigma'(t)}{\tau(t)}dt+c,$$

因此方程(2-4-15)的参数形式的通解为

$$\begin{cases}x=\int\frac{\sigma'(t)}{\tau(t)}dt+c,\\ y=\sigma(t),\end{cases}$$

式中，c 为任意常数.

【例 2.4.5】 求解方程 $y^2\left(1+\frac{dy}{dx}\right)-\left(2+\frac{dy}{dx}\right)^2=0$.

解 令 $2+\frac{dy}{dx}=yt$，则原方程可改写为 $y^2(yt-1)=y^2t^2$，由此可得

$$y=t+\frac{1}{t},$$

并且

$$\frac{dy}{dx}=yt-2=t^2-1,$$

这是原微分方程的参数形式. 从而

$$dx=\frac{dy}{t^2-1}=\frac{1-\frac{1}{t^2}}{t^2-1}dt=-\frac{1}{t^2}dt,$$

两边同时积分可得

$$x=\frac{1}{t}+c.$$

于是原方程参数形式的通解为

$$\begin{cases}x=\frac{1}{t}+c,\\ y=t+\frac{1}{t},\end{cases}$$

式中，c 为任意常数. 或者消去参数 t 可得

$$y=x-c+\frac{1}{x-c},$$

式中，c 为任意常数. 另外，当$\frac{\mathrm{d}y}{\mathrm{d}x}=0$ 时原方程变为 $y^2=4$，于是 $y=\pm 2$ 也是方程的解.

习 题 2.4

求解下列方程：

（1）$x\left(\frac{\mathrm{d}y}{\mathrm{d}x}\right)^2=1+\frac{\mathrm{d}y}{\mathrm{d}x}$；

（2）$\left(\frac{\mathrm{d}y}{\mathrm{d}x}\right)^3-x^3\left(1-\frac{\mathrm{d}y}{\mathrm{d}x}\right)=0$；

（3）$y=2\left(\frac{\mathrm{d}y}{\mathrm{d}x}\right)^2\mathrm{e}^{\frac{\mathrm{d}y}{\mathrm{d}x}}$；

（4）$y=\left(\frac{\mathrm{d}y}{\mathrm{d}x}-1\right)\mathrm{e}^{\frac{\mathrm{d}y}{\mathrm{d}x}}$；

（5）$\left(\frac{\mathrm{d}x}{\mathrm{d}y}\right)^2+y^2=1$；

（6）$y^2\left(\frac{\mathrm{d}y}{\mathrm{d}x}-1\right)=\left(2-\frac{\mathrm{d}y}{\mathrm{d}x}\right)^2$.

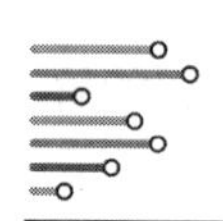

第3章 一阶微分方程解的存在定理

常微分方程的一个重要问题是求解. 第 2 章讨论了一阶微分方程的初等解法，解决了几类特殊方程的求解问题. 事实上，许多微分方程，例如形式上很简单的里卡提方程 $y'=x^2+y^2$，不能通过初等积分法求解. 这就产生一个问题：一个不能用初等积分法求解的微分方程是否意味着没有解？或者说，一个微分方程在什么条件下一定有解？当有解时，它的初值问题的解是否唯一？毫无疑问，这是一个十分基本的问题. 否则，对微分方程的进一步研究（无论是定性的还是定量的）都无从谈起.

柯西（**Cauchy**）在 19 世纪 20 年代第一个成功地建立了微分方程初值问题解的存在唯一性定理. 1876 年，利普希茨（**Lipschitz**）减弱了柯西定理的条件. 1893 年，毕卡（**Picard**）用逐次逼近法在利普希茨条件下对定理给出了一个新的证明. 此外，皮亚诺（**Peano**）在更一般的条件下建立了柯西问题解的存在性定理.

3.1 存在唯一性定理与逐步逼近法

3.1.1 存在唯一性定理

定理 3.1.1 设一阶微分方程

$$\frac{dy}{dx}=f(x,y) \tag{3-1-1}$$

的右端函数 $f(x,y)$在闭矩形区域 R：$|x-x_0|\leqslant a$，$|y-y_0|\leqslant b$ 上连续，且关于 y 满足**利普希茨条件**，即存在常数 $L>0$，对于 R 上任意两点(x,y_1),(x,y_2)，均成立：$|f(x,y_1)-f(x,y_2)|\leqslant L|y_1-y_2|$，则初值问题

$$\begin{cases}\dfrac{dy}{dx}=f(x,y),\\ y(x_0)=y_0\end{cases} \tag{3-1-2}$$

在区间 $I=[x_0-h,x_0+h]$上存在唯一解 $y=\varphi(x)$，其中 $h=\min\left(a,\dfrac{b}{M}\right)$，$M=\max\limits_{(x,y)\in R}|f(x,y)|$.

我们采用毕卡逐步逼近法来证明这个定理. 为简便起见，只对右半区间$[x_0, x_0+h]\triangleq \bar{I}$ 进行证明. 在左半区间 $x_0-h\leqslant x\leqslant x_0$ 的情况完全类似.

现在简要介绍运用逐步逼近法证明该定理的主要思想. 首先证明求微分方程初值问题的解等价于求积分方程

$$y=y_0+\int_{x_0}^{x} f(x,y)\mathrm{d}x \tag{3-1-3}$$

的连续解，再证明积分方程的解的存在唯一性.

任取一个连续函数 $y=\varphi_0(x)$代入方程(3-1-3) 右端，得

$$\varphi_1(x)=y_0+\int_{x_0}^{x} f(x,\varphi_0(x))\mathrm{d}x.$$

如果 $\varphi_1(x)=\varphi_0(x)$，那么 $y=\varphi_0(x)$就是方程(3-1-3) 的解. 否则，把 $y=\varphi_1(x)$代入方程(3-1-3) 右端，得

$$\varphi_2(x)=y_0+\int_{x_0}^{x} f(x,\varphi_1(x))\mathrm{d}x.$$

如果 $\varphi_2(x)=\varphi_1(x)$，那么 $y=\varphi_1(x)$就是方程(3-1-3) 的解. 否则，我们继续这一程序. 一般地作函数

$$\varphi_n(x)=y_0+\int_{x_0}^{x} f(x,\varphi_{n-1}(x))\mathrm{d}x. \tag{3-1-4}$$

从而，我们有连续函数序列

$$\varphi_0(x),\varphi_1(x),\cdots,\varphi_n(x),\cdots$$

如果 $\varphi_{n+1}(x)=\varphi_n(x)$，那么 $\varphi_n(x)$就是方程(3-1-3) 的解. 如果始终不出现这种情况，我们可以证明此函数序列有极限函数 $\varphi(x)$，即

$$\lim_{n\to\infty}\varphi_n(x)=\varphi(x)$$

存在，因而对式(3-1-4) 取极限，得

$$\begin{aligned}\lim_{n\to\infty}\varphi_n(x)&=y_0+\lim_{n\to\infty}\int_{x_0}^{x} f(x,\varphi_{n-1}(x))\mathrm{d}x\\&=y_0+\int_{x_0}^{x}\lim_{n\to\infty} f(x,\varphi_{n-1}(x))\mathrm{d}x\\&=y_0+\int_{x_0}^{x} f(x,\varphi(x))\mathrm{d}x,\end{aligned}$$

即

$$\varphi(x)=y_0+\int_{x_0}^{x} f(x,\varphi(x))\mathrm{d}x.$$

从而，$\varphi(x)$是积分方程(3-1-3) 的解. 这种一步一步地求出方程的解的方法称为**逐步逼近法**. 由式(3-1-4) 确定的函数 $\varphi_n(x)$称为初值问题 (3-1-2) 的**第 n 次近似解**. 在定理的假设条件下，以上的程序是可以实现的.

下面我们分五个引理来证明定理.

引理 3.1.1　初值问题与积分方程等价. 设 $y=\varphi(x)$是初值问题的定义于区间 $\bar{I}$ 上的解，则 $y=\varphi(x)$是积分方程

$$y=y_0+\int_{x_0}^{x} f(x,y)\mathrm{d}x,x\in\bar{I} \tag{3-1-5}$$

的定义于区间 $\bar{I}$ 上的连续解. 反之亦然.

证明 因为 $y=\varphi(x)$是方程(3-1-1) 的解，故有

$$\frac{\mathrm{d}\varphi(x)}{\mathrm{d}x}=f(x,\varphi(x)).$$

对其从 x_0 到 x 积分，得

$$\varphi(x)-\varphi(x_0)=\int_{x_0}^{x} f(x,\varphi(x))\mathrm{d}x, x\in\bar{I}.$$

把 $\varphi(x_0)=y_0$ 代入上式，即

$$\varphi(x)=y_0+\int_{x_0}^{x} f(x,\varphi(x))\mathrm{d}x, x\in\bar{I}.$$

因此，$y=\varphi(x)$是方程(3-1-5) 的定义于区间 $\bar{I}$ 上的连续解.

反之，设 $y=\varphi(x)$是方程(3-1-5) 的连续解，即

$$\varphi(x)=y_0+\int_{x_0}^{x} f(x,\varphi(x))\mathrm{d}x, x\in\bar{I}, \tag{3-1-6}$$

求关于 x 的导数，得

$$\frac{\mathrm{d}\varphi(x)}{\mathrm{d}x}=f(x,\varphi(x)).$$

将 $x=x_0$ 代入式(3-1-6)，得 $\varphi(x_0)=y_0$. 因此，$y=\varphi(x)$是方程(3-1-1) 的定义于区间 $\bar{I}$ 上的连续解.

现在取 $\varphi_0(x)=y_0$. 构造毕卡逐步逼近函数序列：

$$\begin{cases}\varphi_0(x)=y_0, \\ \varphi_n(x)=y_0+\int_{x_0}^{x} f(\tau,\varphi_{n-1}(\tau))\mathrm{d}\tau, x\in\bar{I}, n=1,2,\cdots.\end{cases} \tag{3-1-7}$$

引理 3.1.2 对于任意的 n，式(3-1-7) 中的函数 $\varphi_n(x)$在区间 $\bar{I}$ 上有定义、连续且满足不等式

$$|\varphi_n(x)-y_0|\leqslant b. \tag{3-1-8}$$

证明 当 $n=1$ 时，$\varphi_1(x)=y_0+\int_{x_0}^{x} f(\tau,y_0)\mathrm{d}\tau$. 显然 $\varphi_1(x)$在区间 $\bar{I}$ 上有定义、连续且

$$|\varphi_1(x)-y_0|=\left|\int_{x_0}^{x} f(\tau,y_0)\mathrm{d}\tau\right|\leqslant\int_{x_0}^{x} |f(\tau,y_0)|\mathrm{d}\tau\leqslant M(x-x_0)\leqslant Mh\leqslant b.$$

即当 $n=1$ 时引理 3.1.2 成立. 现在我们用数学归纳法证明对于任何正整数 n，引理 3.1.2 都成立. 为此，设引理 3.1.2 当 $n=k$ 时成立，即 $\varphi_k(x)$在区间 $\bar{I}$ 上有定义、连续且满足不等式$|\varphi_k(x)-y_0|\leqslant b$，此时，

$$\varphi_{k+1}(x)=y_0+\int_{x_0}^{x} f(\tau,\varphi_k(\tau))\mathrm{d}\tau.$$

由假设，引理 3.1.2 当 $n=k$ 时成立，且 $\varphi_{k+1}(x)$在区间 $\bar{I}$ 上有定义、连续且有

$$|\varphi_{k+1}(x)-y_0|\leqslant\int_{x_0}^{x}|f(\tau,\varphi_k(\tau))|\mathrm{d}\tau\leqslant M(x-x_0)\leqslant Mh\leqslant b.$$

即引理 3.1.2 当 $n=k+1$ 时也成立. 由数学归纳法得引理 3.1.2 对一切 n 均成立.

引理 3.1.3　函数序列$\{\varphi_n(x)\}$在区间 $\bar{I}$ 上一致收敛.

证明　考虑级数

$$\varphi_0(x)+\sum_{k=1}^{\infty}[\varphi_k(x)-\varphi_{k-1}(x)],x\in\bar{I}. \tag{3-1-9}$$

它有部分和

$$\varphi_0(x)+\sum_{k=1}^{n}[\varphi_k(x)-\varphi_{k-1}(x)]=\varphi_n(x).$$

所以，要证明函数序列$\{\varphi_n(x)\}$在区间 $\bar{I}$ 上一致收敛，只需证明函数级数(3-1-9) 在区间 $\bar{I}$ 上一致收敛. 为此，我们作如下的估计，由式(3-1-7) 得

$$|\varphi_1(x)-\varphi_0(x)|\leqslant\int_{x_0}^{x}|f(\tau,\varphi_0(\tau))|\mathrm{d}\tau\leqslant M(x-x_0)$$

及

$$|\varphi_2(x)-\varphi_1(x)|\leqslant\int_{x_0}^{x}|f(\tau,\varphi_1(\tau))-f(\tau,\varphi_0(\tau))|\mathrm{d}\tau$$

$$\leqslant L\int_{x_0}^{x}M|\tau-x_0|\mathrm{d}\tau=\frac{ML}{2!}(x-x_0)^2.$$

假设对于正整数 n，下述不等式成立

$$|\varphi_n(x)-\varphi_{n-1}(x)|\leqslant\frac{ML^{n-1}}{n!}(x-x_0)^n.$$

由利普希茨条件可知，当 $x\in\bar{I}$ 时，有

$$|\varphi_{n+1}(x)-\varphi_n(x)|\leqslant\int_{x_0}^{x}|f(\tau,\varphi_n(\tau))-f(\tau,\varphi_{n-1}(\tau))|\mathrm{d}\tau$$

$$\leqslant L\int_{x_0}^{x}|\varphi_n(\tau)-\varphi_{n-1}(\tau)|\mathrm{d}\tau$$

$$\leqslant\frac{ML^n}{n!}\int_{x_0}^{x}|(\tau-x_0)^n|\mathrm{d}\tau=\frac{ML^n}{(n+1)!}(x-x_0)^{n+1}.$$

从而，由数学归纳法可知，对于所有的正整数 k，有如下的估计：

$$|\varphi_k(x)-\varphi_{k-1}(x)|\leqslant\frac{ML^{k-1}}{k!}(x-x_0)^k,x\in\bar{I}. \tag{3-1-10}$$

所以，当 $x\in\bar{I}$ 时总有

$$|\varphi_k(x)-\varphi_{k-1}(x)|\leqslant\frac{ML^{k-1}}{k!}h^k. \tag{3-1-11}$$

式(3-1-11) 的右端是正项收敛级数

$$\sum_{k=1}^{\infty}\frac{ML^{k-1}}{k!}h^k \tag{3-1-12}$$

的一般项. 根据魏尔斯特拉斯（**Weierstrass**）判别法，级数（3-1-9）在区间 $\bar{I}$ 上一致收敛. 因此序列$\{\varphi_n(x)\}$在区间 $\bar{I}$ 上一致收敛.

假设$\lim\limits_{n\to\infty}\varphi_n(x)=\varphi(x)$，则 $\varphi(x)$也在区间 $\bar{I}$ 上连续，且由式(3-1-8) 可知

$$|\varphi(x)-y_0|\leqslant b.$$

引理 3.1.4　$\varphi(x)$是积分方程(3-1-5) 的定义于区间 $\bar{I}$ 上的连续解.

证明　由利普希茨条件

$$|f(x,\varphi_n(x))-f(x,\varphi(x))|\leqslant L|\varphi_n(x)-\varphi(x)|$$

且$\{\varphi_n(x)\}$在区间 $\bar{I}$ 上一致收敛于$\varphi(x)$，即知序列$\{f(x,\varphi_n(x))\}$在区间 $\bar{I}$ 上一致收敛于 $f(x,\varphi(x))$. 对式(3-1-7) 两边取极限，得

$$\lim_{n\to\infty}\varphi_n(x)=y_0+\lim_{n\to\infty}\int_{x_0}^{x}f(\tau,\varphi_{n-1}(\tau))\mathrm{d}\tau=y_0+\int_{x_0}^{x}\lim_{n\to\infty}f(\tau,\varphi_{n-1}(\tau))\mathrm{d}\tau,$$

即

$$\varphi(x)=y_0+\int_{x_0}^{x}f(\tau,\varphi(\tau))\mathrm{d}\tau.$$

故 $\varphi(x)$是积分方程(3-1-5) 的定义于区间 $\bar{I}$ 上的连续解.

引理 3.1.5　解的唯一性. 设 $\bar{\varphi}(x)$是积分方程(3-1-5) 的定义于区间 $\bar{I}$ 上的另一个连续解. 则在区间 $\bar{I}$ 上有 $\varphi(x)=\bar{\varphi}(x)$.

证明　假设 $\bar{\varphi}(x)$是序列$\{\varphi_n(x)\}$的一致收敛极限函数. 为此，由

$$\varphi_0(x)=y_0,$$

$$\varphi_n(x)=y_0+\int_{x_0}^{x}f(\tau,\varphi_{n-1}(\tau))\mathrm{d}\tau\quad(n\geqslant 1),$$

$$\bar{\varphi}(x)=y_0+\int_{x_0}^{x}f(\tau,\bar{\varphi}(\tau))\mathrm{d}\tau,$$

进行如下的估计

$$|\varphi_0(x)-\bar{\varphi}(x)|\leqslant\int_{x_0}^{x}|f(\tau,\bar{\varphi}(\tau))|\mathrm{d}\tau\leqslant M(x-x_0),$$

$$\begin{aligned}|\varphi_1(x)-\bar{\varphi}(x)|&\leqslant\int_{x_0}^{x}|f(\tau,\varphi_0(\tau))-f(\tau,\bar{\varphi}(\tau))|\mathrm{d}\tau\\&\leqslant L\int_{x_0}^{x}|\varphi_0(\tau)-\bar{\varphi}(\tau)|\mathrm{d}\tau\\&\leqslant ML\int_{x_0}^{x}(\tau-x_0)\mathrm{d}\tau=\frac{ML}{2!}(x-x_0)^2.\end{aligned}$$

假设$|\varphi_{n-1}(x)-\bar{\varphi}(x)|\leqslant\dfrac{ML^{n-1}}{n!}(x-x_0)^n$，则

$$|\varphi_n(x)-\bar{\varphi}(x)|\leqslant\int_{x_0}^{x}|f(\tau,\varphi_{n-1}(\tau))-f(\tau,\bar{\varphi}(\tau))|\mathrm{d}\tau$$

$$\leqslant L\int_{x_0}^{x}|\varphi_{n-1}(\tau)-\bar{\varphi}(\tau)|\mathrm{d}\tau$$

$$\leqslant \frac{ML^n}{n!}\int_{x_0}^{x}(\tau-x_0)^n\mathrm{d}\tau\leqslant\frac{ML^n}{(n+1)!}(x-x_0)^{n+1}.$$

由数学归纳法可知，对所有的自然数 n 下式均成立

$$|\varphi_n(x)-\bar{\varphi}(x)|\leqslant\frac{ML^n}{(n+1)!}(x-x_0)^{n+1}. \tag{3-1-13}$$

从而，在区间 $\bar{I}$ 上总有

$$|\varphi_n(x)-\bar{\varphi}(x)|\leqslant\frac{ML^n}{(n+1)!}h^{n+1}. \tag{3-1-14}$$

而$\frac{ML^n}{(n+1)!}h^{n+1}$ 为收敛级数的一般项，故当 $n\to\infty$时，$\frac{ML^n}{(n+1)!}h^{n+1}\to 0$. 因此，$|\varphi_n(x)|$在区间 $\bar{I}$ 上一致收敛于$\bar{\varphi}(x)$. 再由极限的唯一性，得

$$\varphi(x)=\bar{\varphi}(x),x\in\bar{I}.$$

由引理 3.1.1～引理 3.1.5 即得存在唯一性定理的证明.

关于存在唯一性定理的五点说明：

① 定理 3.1.1 有下面的推论.

推论　设函数 $f(x,y)$及其偏导数在区域 R 内连续，则方程(3-1-1) 经过此区域内的任何一点有且只有一条积分曲线.

这是因为，如果函数 $f(x,y)$在区域 R 内对 y 有连续的偏导数，则 $f(x,y)$在 R 内关于 y 满足利普希茨条件. 事实上，如果 $f_y(x,y)$在 R 上存在且连续，那么存在 $L>0$,使得$|f_y(x,y)|\leqslant L$，从而有

$$|f(x,y_1)-f(x,y_2)|=|f_y(x,y_1+\theta(y_1-y_2))||y_1-y_2|\leqslant L|y_1-y_2|,$$

式中，$(x,y_1),(x,y_2)\in R,0<\theta<1$.

实际应用定理 3.1.1 时，利普希茨条件并不容易验证，为便于检验，常用条件“$f_y(x,y)$在 R 上连续”来代替利普希茨条件. 据此推论，对于一般一阶微分方程(3-1-1) 只要能确定其右端函数 $f(x,y)$在某个区域 R 内连续且对 y 有连续偏导数，则其在区域 R 内任一点都存在唯一解. 例如，莱布尼兹方程 $y'=x^2+y^2$，虽然不能用初等积分法求解，但由毕卡定理知道它在 xOy 平面上的每一点都有且只有一个解.

假设方程(3-1-1) 是线性的，即方程为

$$y'=p(x)y+q(x),$$

只要 $p(x),q(x)$在某区间$[\alpha,\beta]$上连续，毕卡存在唯一性定理的条件就能满足. 由于右端函数对因变量 y 没有任何要求，所以这时由初值条件确定的解在整个区间$[\alpha,\beta]$上都有定义.

② 解的范围问题. 定理 3.1.1 只是保证了解在小范围内的存在性，有关解存在的最大区间，将在下一节给出一般结论. 定理中的 M 是$|f(x,y)|$在区域 R 内的最

大值，从而是落在区域内的解曲线 $y=y(x)$ 切线斜率绝对值的最大值. 这样，在几何上可以明显地看到，解曲线在离开区域 R 之前，一定落在锥形区域

$$\{(x,y)\mid |y-y_0|\leqslant M|x-x_0|,|x-x_0|\leqslant a\}$$

内，而 I 恰好是这个锥形区域与 R 的交集在 x 轴上的投影.

③ 当右端函数 $f(x,y)$ 不连续时，方程(3-1-1) 仍可能存在唯一解. 函数 $f(x,y)$ 的偏导数不存在时，利普希茨条件也可能成立. 如 $f(x,y)=|y|$，当 $y=0$ 时，关于 y 的偏导数不存在，却关于 y 满足利普希茨条件. $f(x,y)$ 连续时，利普希茨条件是解存在唯一的充分条件. $f(x,y)$ 关于 y 的利普希茨条件不成立时，解也可能是唯一的.

④ 引出的奇解问题. 如果定理的条件不成立，则相应的初值问题的解或者不存在、或者存在但不唯一，这时对应的点称为**奇点**. 由奇点所组成的曲线称为**奇曲线**. 一般地，设 $y=\varphi_0(x)$ 是微分方程(3-1-1) 的一个解，而且经过积分曲线 $y=\varphi_0(x)$ 上的任何点至少还有另一条积分曲线存在，即破坏了唯一性，则称 $y=\varphi_0(x)$ 是一个**奇解**.

⑤ 定理的证明过程中提供了方程解的近似计算和误差估计公式. 这有一定实用价值. 在估计式(3-1-14) 中令 $\bar{\varphi}(x)=\varphi(x)$，就得到第 n 次近似解与真实解 $\varphi(x)$ 在 $|x-x_0|\leqslant h$ 内的误差估计公式

$$|\varphi_n(x)-\varphi(x)|\leqslant\frac{ML^n}{(n+1)!}h^{n+1}. \tag{3-1-15}$$

近似计算时，可根据误差要求确定 n 的值，从而得到所需的逼近函数 $\varphi_n(x)$.

【例 3.1.1】 求初值问题

$$\begin{cases}y'=x^2+y^2,R:-1\leqslant x\leqslant 1,-1\leqslant y\leqslant 1,\\ y(0)=0\end{cases}$$

的近似解，使其误差不超过 0.05.

解 ① 因为 $M=\max\limits_{(x,y)\in R}|f(x,y)|=2$，$a=b=1$，所以，

$$h=\min\left\{a,\frac{b}{M}\right\}=\min\left\{1,\frac{1}{2}\right\}=\frac{1}{2}.$$

则解的存在区间为 $\left[-\frac{1}{2},\frac{1}{2}\right]$.

② 在区域 R 上，函数 $f(x,y)=x^2+y^2$ 的利普希茨常数可以取为 $L=2$，因为

$$\left|\frac{\partial f}{\partial y}\right|=|2y|\leqslant 2=L,$$

则误差可以表示为

$$|\varphi_n(x)-\varphi(x)|\leqslant\frac{ML^n}{(n+1)!}h^{n+1}=\frac{M}{L}\frac{1}{(n+1)!}(Lh)^{n+1}=\frac{1}{(n+1)!}<0.05,$$

当取 $n=3$ 时，$\frac{1}{(n+1)!}=\frac{1}{4!}=\frac{1}{24}<\frac{1}{20}=0.05$. 所以，近似表达式为：

$$\varphi_0(x)=0,$$

$$\varphi_1(x)=\int_0^x(\tau^2+\varphi_0^2(\tau))\mathrm{d}\tau=\frac{x^3}{3},$$

$$\varphi_2(x)=\int_0^x(\tau^2+\varphi_1^2(\tau))\mathrm{d}\tau=\frac{x^3}{3}+\frac{x^7}{63},$$

$$\begin{aligned}\varphi_3(x)&=\int_0^x(\tau^2+\varphi_2^2(\tau))\mathrm{d}\tau\\&=\int_0^x\left(\tau^2+\frac{\tau^6}{9}+\frac{2\tau^{10}}{189}+\frac{\tau^{14}}{3969}\right)\mathrm{d}\tau\\&=\frac{x^3}{3}+\frac{x^7}{63}+\frac{2x^{11}}{2079}+\frac{x^{15}}{59535},\end{aligned}$$

$\varphi_3(x)$就是要求的近似解，在区间 $\left[-\frac{1}{2},\frac{1}{2}\right]$上，误差不超过 0.05.

下面考虑一阶隐式方程

$$F(x,y,y')=0. \tag{3-1-16}$$

根据隐函数存在定理，若 F 在(x_0,y_0,y_0')的某一邻域内连续，$F(x_0,y_0,y_0')=0$，而$\frac{\partial F}{\partial y'}\neq 0$，则必可把 y'唯一地表为x,y 的某个函数 $y'=f(x,y)$，并且 $f(x,y)$在(x_0,y_0)的某一邻域内连续，并满足 $y_0'=f(x_0,y_0)$.

另外，如果 F 关于所有变元存在连续偏导数，则 $f(x,y)$对 x,y 也存在连续偏导数，且

$$\frac{\partial f}{\partial y}=-\frac{\partial F}{\partial y}\Big/\frac{\partial F}{\partial y'}.$$

根据定理 3.1.1，方程(3-1-16) 满足初始条件 $y(x_0)=y_0$ 的解存在唯一，即方程(3-1-16) 的过点(x_0,y_0)且切线斜率为 y_0'的积分曲线存在唯一. 即得下面的定理.

定理 3.1.2　如果在点(x_0,y_0,y_0')的某一邻域中，$F(x,y,y')$对所有变元(x,y,y')连续，存在连续偏导数，且

$$F(x_0,y_0,y_0')=0,\quad \frac{\partial F(x_0,y_0,y_0')}{\partial y'}\neq 0,$$

则方程(3-1-16) 存在满足初值条件 $y(x_0)=y_0,y'(x_0)=y_0'$的唯一解 $y=y(x)$，$|x-x_0|\leqslant h$（h 为足够小的正数).

3.1.2　存在性定理

需要注意的是，定理 3.1.1 中解的存在性是由连续性保证的，这就是下面的定理.

定理 3.1.3　皮亚诺（Peano）存在定理　如果函数 $f(x,y)$在矩形区域 R：$|x-x_0|\leqslant a,|y-y_0|\leqslant b,a>0,b>0$ 上连续，则初值问题（3-1-2）在区间 $I=[x_0-h,x_0+h]$上至少存在一个解 $y=\varphi(x)$，其中 $h=\min(a,\frac{b}{M})$，$M=\max\limits_{(x,y)\in R}|f(x,y)|$.

这个定理的证明用到较多的知识，此处略去，有兴趣的读者可以参阅相关文献.

习 题 3.1

1. 分析下列初值问题的解的存在唯一性：

$$\begin{cases}\frac{\mathrm{d}y}{\mathrm{d}x}=\frac{3}{2}y^{\frac{1}{3}},\\ y(0)=0.\end{cases}$$

2. 证明初值问题 $y'=x^2+\mathrm{e}^{-y^2},y(0)=0$ 的解 $y=y(x)$在 $\left[0,\frac{1}{2}\right]$存在，并且当 $x\in\left[0,\frac{1}{2}\right]$时，$|y(x)|\leqslant 1$.

3. 讨论初值问题 $y'=1+y^2,y(0)=0$ 的解存在唯一的区间.

4. 证明**贝尔曼（Bellman）**不等式：设 $x(t),f(t)$均为区间(t_1,t_2)上的非负纯量函数，如果对 $\tau\in(t_1,t_2)$，有

$$|x(t)|\leqslant k+\left|\int_\tau^t f(s)x(s)\mathrm{d}s\right|,t\in(t_1,t_2),$$

式中，k 为非负常数，则

$$|x(t)|\leqslant k\mathrm{e}^{\left|\int_\tau^t f(s)\mathrm{d}s\right|},t\in(t_1,t_2).$$

5. 证明**推广的贝尔曼**不等式：设 $x(t),g(t)$为区间$[t_0,t_1]$上的非负实连续函数，函数 $f(t)\geqslant 0$ 在区间$[t_0,t_1]$上可积，它们满足

$$x(t)\leqslant g(t)+\int_{t_0}^t f(\tau)x(\tau)\mathrm{d}\tau,t\in[t_0,t_1].$$

则当 $t\in[t_0,t_1]$时，

$$x(t)\leqslant g(t)+\int_{t_0}^t f(\tau)g(\tau)\mathrm{e}^{\int_\tau^t f(s)\mathrm{d}s}\mathrm{d}\tau.$$

6. 求下列初值问题的近似解：

(1) $\begin{cases}y'=y+1\\ y(0)=0\end{cases}$ 的第三次近似解；

(2) $\begin{cases}y'=x+2y\\ y(0)=0\end{cases}$ 的第三次近似解；

（3）$\begin{cases} y'=x-y^2 \\ y(1)=0 \end{cases}$ 的第二次近似解；

（4）$\begin{cases} y'=x+y^2 \\ y(0)=0 \end{cases}$ 的第三次近似解；

（5）$\begin{cases} y'=x^2-y^2 \\ y(-1)=0 \end{cases}$ 的第二次近似解.

（6）$\begin{cases} y'=x^2+y^2 \\ y(0)=1 \end{cases}$ 的第二次近似解.

3.2　解的延展和解对初值的连续性与可微性

3.2.1　解的延展

通过3.1节的讨论，我们知道：当$f(x,y)$在某区域R内连续时，初值问题的解至少局部存在.自然要考虑能否将一个在小区间上有定义的解延展到比较大的区间上去的问题.

假设$y=\varphi(x)$是初值问题（3-1-2）在区间I上的解.如果存在这样的解$y=\bar{\varphi}(x)$，它的定义区间为$\bar{I}$，$\bar{I}\supset I$，$\bar{I}\neq I$，而在I上，$\bar{\varphi}(x)=\varphi(x)$，则称$y=\varphi(x)$可以延展，且称$\bar{\varphi}(x)$为$\varphi(x)$的一个**延展**.如果不存在具有上述性质的解，则称$y=\varphi(x)$为该初值问题的**饱和解**.

假设方程(3-1-1)右端函数$f(x,y)$在某一区域G内连续，且关于y满足**局部利普希茨条件**，即对于区域G内的每一点，有以其为中心的完全含于G内的闭矩形R存在，在R上$f(x,y)$关于y满足利普希茨条件（对于不同的点，区域R的大小和常数L可能不同）.

关于解的延展问题，我们有如下结果.

定理3.2.1　**解的延展定理**　如果方程(3-1-1)的右端函数$f(x,y)$在有界区域G中连续，且在G内关于y满足局部利普希茨条件，那么方程(3-1-1)的解$y=\varphi(x)$可以延展，直到点$(x,\varphi(x))$任意接近区域G的边界.以向x增大的一方的延展来说，如果$y=\varphi(x)$只能延展到区间$x_0\leqslant x<d$上，则当$x\to d$时，$(x,\varphi(x))$趋于区域G的边界.

推论　如果G是无界区域，在上面解的延展定理的条件下，方程(3-1-1)的解$y=\varphi(x)$可以延展，以向x增大的一方的延展来说，有下面两种情况：

① 解$y=\varphi(x)$可以延展到区间$[x_0,+\infty)$；

② 解$y=\varphi(x)$只可以延展到区间$[x_0,d)$，其中d为有限数，则当$x\to d$时，或者$y=\varphi(x)$无界，或者点$(x,\varphi(x))$趋于区域G的边界.

【例 3.2.1】 讨论方程

$$\frac{dy}{dx}=\frac{y^2-1}{2} \tag{3-2-1}$$

分别通过点 $(0,0)$，$(\ln 2,-3)$，$(-\ln 2,3)$ 的解的存在区间.

解 首先考察解的存在唯一性及延展条件. 因方程右端函数 $f(x,y)=\dfrac{y^2-1}{2}$ 及 $\dfrac{\partial f}{\partial y}=y$ 均在整个 xOy 平面上连续，故方程(3-2-1) 过点 $(0,0)$，$(\ln 2,-3)$ 的解存在、唯一且可以延展.

容易确定此方程的通解为 $y=\dfrac{1+ce^x}{1-ce^x}$（c 为任意常数）. 故其通过点 $(0,0)$ 的解为

$$y=\frac{1-e^x}{1+e^x}, \tag{3-2-2}$$

且 $x\to+\infty$时，$y\to-1$；$x\to-\infty$时，$y\to1$. 所以，$y=\dfrac{1-e^x}{1+e^x}$在 xOy 平面上有界，从而不存在其图形越出 xOy 边界的问题. 即这个解的存在区间为$-\infty<x<+\infty$.

方程(3-2-2) 通过点 $(\ln 2,-3)$ 的解为 $y=\dfrac{1+e^x}{1-e^x}$，其在区间$(-\infty,0)$和$(0,+\infty)$有定义、连续，而且初始点 $(\ln 2,-3)$ 位于右半平面 $x>0$ 上.

当 $x\to+\infty$时，$y\to-1$，所以解 $y=\dfrac{1+e^x}{1-e^x}$向右方可以延展到$+\infty$.

当 $x\to0+$时，$y\to-\infty$，从而 $y=\dfrac{1+e^x}{1-e^x}$无界.

故解 $y=\dfrac{1+e^x}{1-e^x}$向左方只能延展到间断点 $x=0$. 所以方程(3-2-2) 通过点 $(\ln 2,-3)$ 的解 $y=\dfrac{1+e^x}{1-e^x}$的存在区间为 $0<x<+\infty$.

方程(3-2-2) 通过点 $(-\ln 2,3)$ 的解仍为 $y=\dfrac{1+e^x}{1-e^x}$，不同的是 $(-\ln 2,3)$ 位于左半平面 $x<0$ 上.

当 $x\to\infty$时，$y\to1$，故解 $y=\dfrac{1+e^x}{1-e^x}$向左方可以延展到$-\infty$.

当 $x\to0+$时，$y\to+\infty$，从而 $y=\dfrac{1+e^x}{1-e^x}$无界.

故解 $y=\dfrac{1+e^x}{1-e^x}$只能延展到间断点 $x=0$. 于是方程(3-2-2) 通过点 $(-\ln 2,3)$ 的解

$y=\dfrac{1+e^x}{1-e^x}$的存在区间为$(-\infty,0)$.

由本例可知：在进行初值问题的延展时，一是要注意解的定义、连续区间及初值点(x_0,y_0)的位置；二是要注意考察解延展后其图形是否超出方程(3-1-1) 右端函数的连续区域 R. 当解延展时，直至其图形充分接近区域 R 的边界或解无界时所得到的自变量的取值区间便是初值问题解的存在区间.

3.2.2 解对初值的连续性和可微性

在存在唯一性定理的证明中，我们把初值(x_0,y_0)固定，求得的解是自变量 x 的函数. 这不能完全反映实际情况. 当(x_0,y_0)变动时，对应的解也要变动，初值问题 (3-1-2) 的解是三个变元的函数，从而记为 $y=\varphi(x,x_0,y_0)$.

定理 3.2.2 **解对初值的连续性定理** 若函数 $f(x,y)$在区域 G 内连续，且关于 y 满足局部利普希茨条件，则初值问题 (3-1-2) 的解 $y=\varphi(x,x_0,y_0)$作为 x,x_0,y_0 的函数在它的存在范围内连续.

进一步，我们讨论解对初值的可微性，即解 $y=\varphi(x,x_0,y_0)$关于初值(x_0,y_0)的偏导数的存在性及连续性. 我们有如下定理.

定理 3.2.3 **解对初值的可微性定理** 若函数 $f(x,y)$以及$\dfrac{\partial f}{\partial y}$都在区域$G$ 内连续，则初值问题 (3-1-2) 的解 $y=\varphi(x,x_0,y_0)$作为 x,x_0,y_0 的函数在它的存在范围内是连续可微的，且有

$$\frac{\partial \varphi}{\partial x_0}=-f(x_0,y_0)\exp\left(\int_{x_0}^{x}\frac{\partial f(x,\varphi)}{\partial y}\mathrm{d}x\right),$$

$$\frac{\partial \varphi}{\partial y_0}=\exp\left(\int_{x_0}^{x}\frac{\partial f(x,\varphi)}{\partial y}\mathrm{d}x\right).$$

习 题 3.2

1. 讨论方程 $y'=1+\ln x$ 满足条件 $y(1)=0$ 的解的存在区间.

2. 设 $f(x,y)$在整个平面上是连续有界的，且$\dfrac{\partial f(x,y)}{\partial y}$也是连续的. 试证：微分方程 $y'=f(x,y)$的每一解 $y=\varphi(x)$的最大存在区间是$(-\infty,+\infty)$.

3. 证明比较定理：设 $f(x,y)$，$g(x,y)$在区域 R 中连续，且 $f(x,y)<g(x,y)$，$\forall(x,y)\in R$. 又设$(x_0,y_0)\in R$，而 $y=\varphi(x)$和 $y=\psi(x)$依次是方程

$$\begin{cases}y'=f(x,y),\\ y(x_0)=y_0,\end{cases}$$

和

$$\begin{cases} y' = g(x, y), \\ y(x_0) = y_0, \end{cases}$$

在区间(a, b)上的解，则有

$$\begin{cases} \varphi(x) < \psi(x), \forall x \in (x_0, b), \\ \varphi(x) > \psi(x), \forall x \in (a, x_0). \end{cases}$$

3.3　常微分方程的数值解法

实际问题中的微分方程往往很复杂，利用现有的数学工具无法求出精确解，并且很多实际问题只需要得到解在某些点上的近似值，并不需要方程解的精确表达式.

3.3.1　基本概念

考虑如下一阶常微分方程的数值解法

$$\begin{cases} y' = f(t, y), t \in [a, b], \\ y(a) = y_0. \end{cases} \tag{3-3-1}$$

为了保证方程解的存在唯一性，通常要求方程满足利普希茨条件. 所谓常微分方程的**数值解法**，就是在区间$[a, b]$上的一系列离散的点$t_0, t_1, \cdots, t_n (a = t_0 < t_1 < \cdots < t_n = b)$处计算方程解$y(t)$的近似值$y_1, y_2, \cdots, y_n$. 为了便于计算，常取$t_1 - t_0 = t_2 - t_1 = \cdots = t_n - t_{n-1} = h$，这里$h$称为**步长**. 记$t_n = t_0 + nh, n = 0, 1, \cdots, y(t_n)$为初值问题（3-3-1）的准确解$y(t)$在$t_n$点的值，$y_n$为$y(t_n)$的近似值，一般是由某一数值方法计算的结果，又记$f_n = f(t_n, y_n)$，它和$f(t_n, y(t_n)) = y'(t_n)$不同.

常用的数值方法可以分为两类. 一类在计算y_{n+1}时只用到前一个节点的值y_n，称为**单步法**；另一类在计算y_{n+1}时用到前k个节点的值$y_n, y_{n-1}, \cdots, y_{n-k+1}$，称为 ***k* 步法**.

3.3.2　常用的单步法

(1) 欧拉方法

常用的单步法是欧拉方法. 欧拉方法虽然精度不高，但它是最简单的单步法，从欧拉方法可以直观了解数值解的求解思路及运行过程. 方程(3-3-1) 的解$y(t)$在节点t_n处的导数可以如下近似

$$y'(t_n) \approx \frac{y_{n+1} - y_n}{h},$$

代入方程(3-3-1)，得

$$\frac{y_{n+1} - y_n}{h} = f(t_n, y_n),$$

即

$$y_{n+1}=y_n+hf(t_n,y_n). \tag{3-3-2}$$

该方法称为**欧拉方法**. 在求解方程(3-3-1) 时，可以逐步算出

$$y_1=y_0+hf(t_0,y_0),$$
$$y_2=y_1+hf(t_1,y_1),$$
$$\vdots$$

【例 3.3.1】 求解初值问题 $\begin{cases}2y'-y=\mathrm{e}^t\\ y(0)=1\end{cases}$ 的解.

解 显然 $f(t,y)=\frac{1}{2}(y+\mathrm{e}^t)$. 应用欧拉方法 (3-3-2)，可得

$$y_{n+1}=y_n+\frac{h}{2}(y_n+\mathrm{e}^{t_n})=\left(1+\frac{h}{2}\right)y_n+\frac{h}{2}\mathrm{e}^{t_n}.$$

取步长 $h=0.1$，计算结果见表 3.3.1.

表 3.3.1　计算结果对比

t_n	y_n	$y(t_n)$	t_n	y_n	$y(t_n)$
0.1	1.1000	1.1052	0.6	1.7769	1.8221
0.2	1.2103	1.2214	0.7	1.9569	2.0138
0.3	1.3318	1.3499	0.8	2.1554	2.2255
0.4	1.4659	1.4918	0.9	2.3745	2.4596
0.5	1.6138	1.6487	1.0	2.6162	2.7183

(2) 单步法的局部截断误差与收敛阶

一般格式的单步法可表述为：

$$y_{n+1}=y_n+h\varphi(t_n,y_n,y_{n+1},h),$$

其中函数 φ 只与待解方程有关，称为**增量函数**. 当 φ 中含有 y_{n+1} 时，称这种数值方法为**隐式方法**，否则称为**显式方法**. 故显式单步法可以表示为：

$$y_{n+1}=y_n+h\varphi(t_n,y_n,h). \tag{3-3-3}$$

为了研究方法本身的误差，我们假设前一步算出的数值解和精确解相等. 在此前提下，我们可以定义单步法的局部截断误差.

定义 3.3.1 假设 $y(t)$是初值问题 (3-3-1) 的精确解，称

$$T_{n+1}=y(t_{n+1})-y(t_n)-h\varphi(t_n,y(t_n),h)$$

为显式单步法的**局部截断误差**.

定义 3.3.2 若存在最大整数 p，使得显式单步法的局部截断误差满足 $T_{n+1}=O(h^{p+1})$，则称该数值方法具有 p 阶**代数精度**，或者称该方法的**收敛阶**为 p.

【例 3.3.2】 证明显式欧拉方法的收敛阶为 1.

证明 对于显式欧拉方法，$\varphi(t_n,y_n,h)=f(t_n,y_n)$，所以

$$T_{n+1}=y(t_{n+1})-y(t_n)-hf(t_n,y(t_n))=y(t_n+h)-y(t_n)-hf(t_n,y(t_n))$$

$$=y(t_n)+hy'(t_n)+\frac{h^2}{2}y''(t_n)+O(h^3)-y(t_n)-hf(t_n,y(t_n))$$

$$=\frac{h^2}{2}y''(t_n)+O(h^3)=O(h^2).$$

显式欧拉方法比较简单，计算也比较方便，常用于精度要求不高的数值解求解. 为了提高数值解的精度，我们需要寻找收敛阶更高的数值方法.

3.3.3 龙格-库塔方法（Runge-Kutta）

求解方程(3-3-1）的时候，在区间$[t_n,t_{n+1}]$上积分可以得到

$$y(t_{n+1})-y(t_n)=\int_{t_n}^{t_{n+1}}f(t,y(t))\mathrm{d}t.$$

欧拉方法相当于用端点处的函数值来近似右侧的积分，故而精度不高. 为了提高数值方法的精度，需要增加右侧积分的求积节点. 即：

$$\int_{t_n}^{t_{n+1}}f(t,y(t))\mathrm{d}t\approx h\sum_{i=1}^{n}b_if(t_n+c_ih,y(t_n+c_ih)),0\leqslant c_i\leqslant 1.$$

一般来说，节点个数越多，数值方法的代数精度越高. 当$n=1,c_i=0$时，就是显式欧拉方法. 一般的n阶的龙格-库塔方法的形式如下：

$$y_{n+1}=y_n+h\sum_{i=1}^{n}b_if(t_n+c_ih,Y_n^i),$$

$$Y_n^i=y_n+h\sum_{j=1}^{n}a_{ij}f(t_n+c_jh,Y_n^j),i=1,2,\cdots,n.$$

这里Y_n^i是$y(t_n+c_ih)$的近似值.

常见的显式龙格-库塔方法如下：

①（二阶）中点公式

$$y_{n+1}=y_n+hf\left(t_n+\frac{h}{2},Y_n^1\right),$$

$$Y_n^1=y_n+\frac{h}{2}f(t_n,y_n).$$

② 三阶龙格-库塔方法

$$\begin{cases}y_{n+1}=y_n+\dfrac{h}{6}(K_1+4K_2+K_3),\\ K_1=f(t_n,y_n),\\ K_2=f\left(t_n+\dfrac{h}{2},y_n+\dfrac{h}{2}K_1\right),\\ K_3=f(t_n+h,y_n-hK_1+2hK_2).\end{cases}$$

③ 四阶龙格-库塔方法

$$\begin{cases} y_{n+1}=y_n+\dfrac{h}{6}(K_1+2K_2+2K_3+K_4), \\ K_1=f(t_n,y_n), \\ K_2=f\left(t_n+\dfrac{h}{2},y_n+\dfrac{h}{2}K_1\right), \\ K_3=f\left(t_n+\dfrac{h}{2},y_n+\dfrac{h}{2}K_2\right), \\ K_4=f(t_n+h,y_n+hK_3). \end{cases}$$

定理 3.3.1　中点公式具有2阶代数精度.

证明　中点公式可写为 $y_{n+1}=y_n+hf\left(t_n+\dfrac{h}{2},y_n+\dfrac{h}{2}f(t_n,y_n)\right)$，则局部截断误差

$$\begin{aligned} T_{n+1} &= y(t_{n+1})-y(t_n)-hf\left(t_n+\frac{h}{2},y(t_n)+\frac{h}{2}f(t_n,y(t_n))\right) \\ &= y(t_n+h)-y(t_n)-h\Big[f(t_n,y(t_n))+\frac{h}{2}f_1'(t_n,y(t_n)) \\ &\quad +\frac{h}{2}f_2'(t_n,y(t_n))f(t_n,y(t_n))\Big]+O(h^3) \\ &= y(t_n)+hy'(t_n)+\frac{h^2}{2}y''(t_n)-y(t_n)-h\Big[f(t_n,y(t_n))+\frac{h}{2}f_1'(t_n,y(t_n)) \\ &\quad +\frac{h}{2}f_2'(t_n,y(t_n))f(t_n,y(t_n))\Big]+O(h^3) \\ &= \frac{h^2}{2}y''(t_n)-\frac{h^2}{2}[f_1'(t_n,y(t_n))+f_2'(t_n,y(t_n))f(t_n,y(t_n))]+O(h^3) \\ &= O(h^3). \end{aligned}$$

同理可以证明，三阶及四阶龙格-库塔方法的代数精度分别为3和4.

3.3.4　线性多步法

单步法在计算数值解时，只用到了前一步的信息. 为了提高方法的效率，我们可以充分利用之前的信息以获得更高的精度，这是线性多步法的基本思想.

定义 3.3.3　一般的线性多步法的公式

$$\sum_{i=0}^{k}\alpha_i y_{n+i}=h\sum_{i=0}^{k}\beta_i f(t_{n+i},y_{n+i}), \tag{3-3-4}$$

式中，y_{n+i} 是 $y(t_{n+i})$的近似值；$t_{n+i}=t_n+ih$；α_i,β_i 为常数. 通常假设 $\alpha_k\neq 0$，$|\alpha_0|+|\beta_0|>0$，它给出了 $y_{n+i},f_{n+i},i=0,1,\cdots,k$ 之间的关系. 称式(3-3-4) 为线

性 k 步法. 一般在使用线性 k 步法时，需要给出前 k 个节点的近似值 $y_0, y_1, \cdots, y_{k-1}$（通常用单步法或者精确解的泰勒展开得到）. 当 $\beta_k = 0$ 时，方法是显式的，称为**显式多步法**；当 $\beta_k \neq 0$ 时，方法称为**隐式多步法**.

常见的线性多步法：

① 阿当姆斯（**Adams**）方法

$$y_{n+k} = y_{n+k-1} + h\sum_{i=0}^{k}\beta_i f_{n+i}.$$

其中常见的显式方法如表 3.3.2 所示。

表 3.3.2　常见的阿当姆斯方法

k	p	公式
1	1	$y_{n+1} = y_n + hf_n$
2	2	$y_{n+2} = y_{n+1} + \frac{h}{2}(3f_{n+1} - f_n)$
3	3	$y_{n+3} = y_{n+2} + \frac{h}{12}(23f_{n+2} - 16f_{n+1} + 5f_n)$

② 米尔尼（Milne）方法

$$y_{n+4} = y_n + \frac{4h}{3}(2f_{n+3} - f_{n+2} + 2f_{n+1}).$$

③ 辛普森方法

$$y_{n+2} = y_n + \frac{h}{3}(f_n + 4f_{n+1} + f_{n+2}).$$

3.3.5　数值解的相容性、收敛性与稳定性

综合前面的结论，求解常微分方程的单步法和线性多步法可以统一表示为

$$y_{n+1} = y_n + h\varphi(t_n, y_n, y_{n-1}, \cdots, y_{n-k}, h), \tag{3-3-5}$$

利用该数值方法可以求得原方程在节点 t_n 处精确解 $y(t_n)$ 的近似值 y_n.

(1) 数值解的相容性

对于一阶方程的单步法（3-3-3）有如下定义 3.3.4.

定义 3.3.4　若单步法（3-3-3）的增量函数 φ 满足 $\varphi(t, y, 0) = f(t, y)$，则称单步法（3-3-3）与初值问题（3-3-1）**相容**.

(2) 数值解的收敛性

数值解的收敛性就是讨论步长 $h = t_n - t_{n-1} = \frac{t_n - t_0}{n} \to 0$ 时，数值解与精确解的偏差的问题.

定义 3.3.5　如果数值方法（3-3-5），对于任意固定的节点 $t_n=t_0+nh$，都满足 $h\to 0$ 时，$y_n\to y(t_n)$，则称数值方法是**收敛**的.

在上面，我们介绍了局部截断误差和代数精度的概念. 对于单步法来说，可以通过其代数精度来判断方法的收敛性.

定理 3.3.2　假设单步法 $y_{n+1}=y_n+h\varphi(t_n,y_n,h)$ 具有 p 阶代数精度，且满足如下利普希茨条件

$$|\varphi(t,y_1,h)-\varphi(t,y_2,h)|\leqslant L_\varphi|y_1-y_2|,$$

则该单步方法是收敛的.

证明　设 $\bar{y}_{n+1}=y(t_n)+h\varphi(t_n,y(t_n),h)$，则由代数精度的定义，存在常数 C，使得

$$|\bar{y}_{n+1}-y(t_{n+1})|\leqslant Ch^{p+1}.$$

所以，

$$\begin{aligned}|y_{n+1}-y(t_{n+1})|&\leqslant|y_{n+1}-\bar{y}_{n+1}|+|\bar{y}_{n+1}-y(t_{n+1})|\\&=|y_n+h(t_n,y_n,h)-y(t_n)-h(t_n,y(t_n),h)|+|\bar{y}_{n+1}-y(t_{n+1})|\\&\leqslant(1+hL_\varphi)|y_n-y(t_n)|+Ch^{p+1}\\&\leqslant(1+hL_\varphi)^{n+1}|y_0-y(t_0)|+\frac{(1+hL_\varphi)^n-1}{L_\varphi}Ch^p\\&\leqslant(1+hL_\varphi)^{n+1}|y_0-y(t_0)|+\frac{(1+hL_\varphi)^n}{L_\varphi}Ch^p\\&\leqslant(1+hL_\varphi)^n\left[(1+hL_\varphi)|y_0-y(t_0)|+\frac{Ch^p}{L_\varphi}\right]\\&\leqslant \mathrm{e}^{nhL_\varphi}\left[(1+hL_\varphi)|y_0-y(t_0)|+\frac{Ch^p}{L_\varphi}\right].\end{aligned}$$

利用不等式 $(1+x)^n\leqslant \mathrm{e}^{nx}(x\geqslant -1)$，可得

$$|y_{n+1}-y(t_{n+1})|\leqslant \mathrm{e}^{nhL_\varphi}|y_0-y(t_0)|+Ch^{p+1}.$$

所以，当 $t_n=t_0+nh\leqslant T$ 且 $y_0=y(t_0)$ 时，$\lim\limits_{h\to 0}|y_{n+1}-y(t_{n+1})|=0$ 时，方法是收敛的.

（3）数值解的稳定性

在实际计算的时候，数值方法的启动值与方程的初值并不一定是完全相等的. 这是多方面原因造成的. 比如测量数据时测量工具的精度误差或者计算机字长限制所引起的舍入误差. 所以我们有必要研究初值的扰动对数值方法带来的影响.

定义 3.3.6　称数值算法是**稳定的**，如果在计算过程中初始数据的误差不增

长；否则称该算法为不稳定的。

数值解的稳定性不仅与数值方法有关，还与步长的大小以及方程本身有关.这里我们只关注方法自身对稳定性的影响.在考虑数值方法的稳定性时，我们通常考虑如下的测试方程

$$y'=\lambda y,\ \mathrm{Re}(\lambda)<0. \tag{3-3-6}$$

定义 3.3.7 考虑单步法 $y_{n+1}=y_n+h\varphi(t_n,y_n,h)$ 的求解方程(3-3-6).如果得到的差分格式 $y_{n+1}=E(h\lambda)y_n$ 满足 $|E(h\lambda)|<1$，则称数值方法是**绝对稳定**的.使得 $|E(h\lambda)|<1$ 成立的区域称为**绝对稳定区域**.

【例 3.3.3】 求梯形公式的绝对稳定区域.

解 将梯形公式

$$y_{n+1}=y_n+\frac{h}{2}(f(t_n,y_n)+f(t_{n+1},y_{n+1}))$$

应用到方程(3-3-6)，得

$$y_{n+1}=y_n+\frac{h}{2}(\lambda y_n+\lambda y_{n+1}).$$

整理得

$$y_{n+1}=\frac{1+\frac{1}{2}h\lambda}{1-\frac{1}{2}h\lambda}y_n.$$

所以，方法的绝对稳定区域为

$$\left|\frac{1+\frac{1}{2}h\lambda}{1-\frac{1}{2}h\lambda}\right|<1.$$

注意到 $\mathrm{Re}(\lambda)<0$ 时，上式总是成立的，所以方法的绝对稳定区域为 $\{h\lambda\mid\mathrm{Re}(\lambda)<0\}$.

需要注意的是，梯形公式的稳定区域实质上与步长无关.换句话说，我们在具体计算时，只需要考虑精度对步长的限制，而不必考虑稳定性对步长的要求.具有这种特点的数值方法实际计算时非常方便.

定义 3.3.8 数值方法被称为 **A-稳定**，如果它的绝对稳定区域包含 $\{h\lambda\mid\mathrm{Re}(\lambda)<0\}$.

3.3.6 常微分方程组与高阶方程的数值解法

(1) 一阶方程组的数值解法

假设一阶常微分方程组的一般形式为

$$\begin{cases} y_1'=f_1(t,y_1,y_2,\cdots,y_s), \\ y_2'=f_2(t,y_1,y_2,\cdots,y_s), \\ \qquad\cdots\cdots \\ y_s'=f_s(t,y_1,y_2,\cdots,y_s), \\ y_i(t_0)=\eta_i, i=1,2,\cdots,s. \end{cases}$$

记 $\boldsymbol{Y}=(y_1,y_2,\cdots,y_s)^{\mathrm{T}}$，$\boldsymbol{Y}_0=(\eta_1,\eta_2,\cdots,\eta_s)^{\mathrm{T}}$，$\boldsymbol{F}=(f_1,f_2,\cdots,f_s)^{\mathrm{T}}$. 则上述方程组可表示为

$$\begin{cases} \boldsymbol{Y}'=\boldsymbol{F}(t,\boldsymbol{Y}), \\ \boldsymbol{Y}(t_0)=\boldsymbol{Y}_0. \end{cases}$$

我们以两个方程组成的方程组为例来说明数值解的计算过程：

$$\begin{cases} y'=f(t,y,z), \\ z'=g(t,y,z), \\ y(t_0)=y_0, z(t_0)=z_0. \end{cases}$$

用三阶龙格-库塔方法进行求解：

$$\begin{cases} y_{n+1}=y_n+\dfrac{h}{6}(K_1+4K_2+K_3), \\ z_{n+1}=z_n+\dfrac{h}{6}(L_1+4L_2+L_3), \\ K_1=f(t_n,y_n,z_n), \\ K_2=f\left(t_n+\dfrac{h}{2},y_n+\dfrac{h}{2}K_1,z_n+\dfrac{h}{2}L_1\right), \\ K_3=f(t_n+h,y_n-hK_1+2hK_2,z_n-hL_1+2hL_2), \\ L_1=g(t_n,y_n,z_n), \\ L_2=g\left(t_n+\dfrac{h}{2},y_n+\dfrac{h}{2}K_1,z_n+\dfrac{h}{2}L_1\right), \\ L_3=g(t_n+h,y_n-hK_1+2hK_2,z_n-hL_1+2hL_2). \end{cases}$$

在计算 y_{n+1} 及 z_{n+1} 时，依次算出 K_1,L_1,K_2,L_2,K_3,L_3，然后再代入前两个式子即可.

（2）高阶微分方程的数值解法

在计算高阶微分方程的数值解时，一般的做法是将高阶微分方程化为一阶微分方程组. 我们以二阶微分方程为例来阐述该过程. 考虑如下的二阶微分方程

$$\begin{cases} y''=f(t,y,y'), \\ y(t_0)=y_0, y'(t_0)=y_{10}. \end{cases}$$

引入新的变量 $z=y'$，则上述方程可化为

$$\begin{cases} y' = z, \\ z' = f(t, y, z), \\ y(t_0) = y_0, z(t_0) = y_{10}. \end{cases}$$

这样高阶微分方程的数值求解问题就可以转化为一阶微分方程组的数值求解问题.

3.3.7 Matlab 中求解常微分方程的命令

Matlab 是常用的计算软件，其中包含了求解常微分方程的一些命令，本节将简单地介绍这些命令.

(1) 利用 Matlab 软件求解析解

Matlab 软件中可用于求解方程解析解的命令为

dsolve(‘eqn’,‘x’)

其中 ‘eqn’ 表示求解的方程，‘x’ 表示微分方程的自变量. 用 D 表示求微分.

【例 3.3.4】 求一阶微分方程 $2y'-y=e^t$ 的通解.

解 输入：dsolve('2 * Dy－y＝exp(t)','t')

输出：ans＝exp(t)＋C1 * exp(t/2)

此外，命令中还可以加入定解条件以求得特解.

【例 3.3.5】 求一阶微分方程初值问题 $2y'-y=e^t, y(0)=1$ 的特解.

解 输入：dsolve('2 * Dy－y＝exp(t)','y(0)＝1','t')

输出：ans ＝exp(t)

(2) 利用 Matlab 软件求数值解

Matlab 软件中有专门用于求解微分方程数值解的内置函数. 常见的是 ode 类的函数，具体如表 3.3.3 所示.

表 3.3.3 常用的求解常微分方程的 Matlab 函数

函数命令	采用的算法	适用范围
ode45	4-5 阶龙格-库塔算法	首选算法
ode23	2-3 阶龙格-库塔算法	精度较低的情形
ode113	阿当姆斯(Adam)型多步算法	计算时间较短

下面以 ode45 为例介绍函数的调用格式：

[t,y]＝ode45(‘odefun’,tspan,y0,options)

其中 odefun，所求解的方程；tspan，求解区间，也可以是求解的节点；y0，方程的初始值；options，设置精度、输出参数等；返回值 t，求解的节点；y，节点处的解的近似值.

【例 3.3.6】 求一阶微分方程$\begin{cases}2y'-y=e^t,\\y(0)=1\end{cases}$在 $t=3$ 处的近似解.

解　首先建立函数

```
function z=fun(t,y)
z=2*y'-y-exp(t);
```

输入：[t,n]=ode45('fun',[0,3],1);n=n(end)

输出：n=－40.1711.

习 题 3.3

1.用显式欧拉方法解初值问题 $y'=x^2-y,y(0)=2$，取步长 $h=0.1$，计算到 $x=0.3$.

2.写出用梯形公式求解初值问题

$$\begin{cases}y'=-y,\\y(0)=1\end{cases}$$

的数值格式，并证明当步长 $h\to 0$ 时，收敛于方程的精确解.

3.写出用 4 阶经典龙格-库塔法求解初值问题

$$\begin{cases}y'=8-3y,\\y(0)=2\end{cases}$$

的计算公式，并取步长 $h=0.2$，计算 $y(0.4)$的近似值，小数点后至少保留 4 位.

4.上机实验：用 Matlab 中的龙格库塔法及阿当姆斯（Adams）方法求解一阶微分方程

$$\begin{cases}2y'+y=2e^t,\\y(0)=1\end{cases}$$

在 $t=3$ 处的近似解.

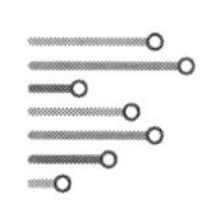

第4章 高阶微分方程

在微分方程的理论中，线性微分方程理论占有非常重要的地位. 一方面，它在自然科学与工程技术中有极其广泛的应用；另一方面，它的理论发展得比较完整，也是研究非线性微分方程的基础. 本章主要介绍线性微分方程的基本理论和常系数线性微分方程的解法. 二阶变系数线性微分方程的解往往不能用有限形式表示出来，幂级数解法是求解它的一种重要方法.

4.1 线性微分方程的基本理论

4.1.1 齐次线性微分方程解的性质与结构

考虑微分方程

$$y''+p(x)y'+q(x)y=f(x). \tag{4-1-1}$$

式中，$y=y(x)$, $p(x)$, $q(x)$及 $f(x)$为区间 I 上的连续函数. 若 $f(x)\neq 0$，称为二阶**非齐次线性微分方程**，称 $f(x)$为**非齐次项**；若 $f(x)\equiv 0$，方程(4-1-1) 变为

$$y''+p(x)y'+q(x)y=0, \tag{4-1-2}$$

称为对应于方程(4-1-1) 的二阶**齐次线性微分方程**.

二阶线性微分方程难以求解. 考虑齐次线性微分方程(4-1-2)，作变换 $y=\exp\left(\int z\mathrm{d}x\right)$，其中 $z=z(x)$为新的未知函数. 则

$$y'=z\exp\left(\int z\mathrm{d}x\right), y''=z'\exp\left(\int z\mathrm{d}x\right)+z^2\exp\left(\int z\mathrm{d}x\right),$$

把它们代入方程(4-1-2) 可得 $z'+z^2+p(x)z+q(x)=0$. 从而，里卡提方程与二阶齐次线性微分方程(4-1-2) 等价. 由此可见，二阶齐次线性微分方程一般不能用初等积分法求解. 下面在理论上研究齐次线性微分方程通解的一般性质.

为书写方便，引入下述符号

$$L[y]=y''+p(x)y'+q(x)y.$$

并把 L 称为**线性微分算子**. 以后当我们说把算子作用于函数 y 时，就是指对 y 施加如上式右端的运算. 若将这个算子作用于函数 $y=\mathrm{e}^{\lambda x}$ （λ 为常数）上，则 $L[\mathrm{e}^{\lambda x}]=(\lambda^2+p(x)\lambda+q(x))\mathrm{e}^{\lambda x}$. 算子 L 具有如下性质.

① 常数因子可以提到算子符号外面：$L[ky]=kL[y]$.

实际上，

$$L[ky]=(ky)''+p(x)(ky)'+q(x)(ky)=k(y''+p(x)y'+q(x)y)=kL[y].$$

② 算子作用于两个函数和的结果等于算子分别作用于各个函数的结果之和

$$L[y_1+y_2]=L[y_1]+L[y_2].$$

实际上，

$$\begin{aligned}L[y_1+y_2]&=(y_1+y_2)''+p(x)(y_1+y_2)'+q(x)(y_1+y_2)\\&=(y_1''+p(x)y_1'+q(x)y_1)+(y_2''+p(x)y_2'+q(x)y_2)\\&=L[y_1]+L[y_2].\end{aligned}$$

定理 4.1.1　设 $p(x),q(x)$及 $f(x)$是闭区间 I 上的连续函数. 若 x_0 是 I 内任一点，y_0,y_0'是任意常数，则齐次线性微分方程(4-1-2) 在 I 上有且仅有一个解 $y(x)$，使得

$$y(x_0)=y_0,y'(x_0)=y_0'. \tag{4-1-3}$$

此定理可由第 5 章的存在唯一性定理直接得到，不予证明. 在本章随后所作的一般讨论中，我们总假定定理 4.1.1 中的条件是满足的.

令集合 $S=\{y(x)\mid y''+p(x)y'+q(x)y=0,y=y(x),x\in I\}$. 因为 $y=0$ 是齐次线性微分方程(4-1-2) 的零解，$0\in S$，所以集合 S 不是空集.

定理 4.1.2　设 $y_1=y_1(x),y_2=y_2(x)\in S$，则它们的线性组合 $c_1y_1+c_2y_2\in S$，其中 c_1,c_2 为任意常数.

证明　由 $y_1(x),y_2(x)\in S$，得 $L[y_1]=0,L[y_2]=0$，则有 $L[y_1+y_2]=L[y_1]+L[y_2]=0$. 即 $c_1y_1+c_2y_2\in S$.

由此可见，集合 S 是一个线性空间.

定义 4.1.1　设在区间 I 上有 $m(\geqslant 1)$个函数 $\varphi_1(x),\varphi_2(x),\cdots,\varphi_m(x)$. 如果存在 $\boldsymbol{m}$ 个不全为零的常数 $c_1,c_2,\cdots,c_m$，使得 $c_1\varphi_1(x)+c_2\varphi_2(x)+\cdots+c_m\varphi_m(x)\equiv 0$,则称该函数组**线性相关**；否则，称为**线性无关**.

【例 4.1.1】　考察函数组 $1,\cos^2x,\sin^2x$ 在区间$-\infty<x<\infty$上的线性相关性.

解　取不全为零的常数 $c_1=-1,c_2=1,c_3=1$,则有 $c_1\cdot 1+c_2\cdot\cos^2x+c_3\cdot\sin^2x\equiv 0$. 因此，函数组 $1,\cos^2x,\sin^2x$ 在区间$-\infty<x<\infty$上是线性相关的.

【例 4.1.2】　考察函数组 $1,\cos x,\sin x$ 在区间$-\infty<x<\infty$上的线性相关性.

解　如果有 $c_1\cdot 1+c_2\cdot\cos x+c_3\cdot\sin x\equiv 0$，分别令 $x=0,x=\pi/2$ 和 $x=\pi$，我们得到一个联立方程组

$$c_1+c_2=0,c_1+c_3=0,c_1-c_2=0.$$

解之得，$c_1=c_2=c_3=0$. 这说明：不可能存在不全为零的常数 c_1,c_2，c_3，使上面的方程组成立. 即所讨论函数组线性无关.

下面定义的行列式 $W(x)$是判别“函数组的线性无关（或相关）性”的简明工具.

定义 4.1.2 设定义在区间 I 上的函数组 $\varphi_1(x),\varphi_2(x),\cdots,\varphi_m(x)$ 都有 $m-1$ 阶导数，称

$$W(x)=W[\varphi_1(x),\varphi_2(x),\cdots,\varphi_m(x)]=\begin{vmatrix} \varphi_1(x) & \varphi_2(x) & \cdots & \varphi_m(x) \\ \varphi_1'(x) & \varphi_2'(x) & \cdots & \varphi_m'(x) \\ \vdots & \vdots & \vdots & \vdots \\ \varphi_1{}^{(m-1)}(x) & \varphi_2{}^{(m-1)}(x) & \cdots & \varphi_m{}^{(m-1)}(x) \end{vmatrix}$$

为该函数组的**朗斯基（Wronski）行列式**.

例如，函数组 $1,\cos x,\sin x$ 的朗斯基行列式为

$$W(x)=\begin{vmatrix} 1 & \sin x & \cos x \\ 0 & \cos x & -\sin x \\ 0 & -\sin x & -\cos x \end{vmatrix}=-1.$$

定理 4.1.3 假设 $\varphi_1(x),\varphi_2(x),\cdots,\varphi_m(x)$ 在区间 I 上线性相关，则它们的朗斯基行列式 $W(x)$ 在区间 I 上恒等于零，即 $W(x)\equiv 0$.

证明 由假设，对 $\forall x\in I$，存在不全为零的常数 $c_1,c_2,\cdots,c_m$ 使得

$$c_1\varphi_1(x)+c_2\varphi_2(x)+\cdots+c_m\varphi_m(x)\equiv 0,$$

则有

$$c_1\varphi_1'(x)+c_2\varphi_2'(x)+\cdots+c_m\varphi_m'(x)\equiv 0,$$

$$\vdots$$

$$c_1\varphi_1{}^{(m-1)}(x)+c_2\varphi_2{}^{(m-1)}(x)+\cdots+c_m\varphi_m{}^{(m-1)}(x)\equiv 0.$$

由此可知，对于 $\forall x\in I$，上面的联立线性方程组都有非零解 $c_1,c_2,\cdots,c_m$，从而系数行列式 $W(x)$ 在区间 I 上恒为零，即 $W(x)\equiv 0$.

推论 若函数组 $\varphi_1(x),\varphi_2(x),\cdots,\varphi_m(x)$ 在区间 I 上有 $W(x)\neq 0$，则它们在此区间上线性无关.

一般来说，上述推论的逆命题不真. 例如，函数组

$$u(x)=\begin{cases} x^4, x\geqslant 0, \\ 0, x<0, \end{cases} \quad v(x)=\begin{cases} 0, x\geqslant 0, \\ x^4, x<0 \end{cases}$$

是线性无关的. 但是它们的朗斯基行列式在 $-\infty<x<\infty$ 上为

$$W(x)=\begin{vmatrix} u(x) & v(x) \\ u'(x) & v'(x) \end{vmatrix}=0.$$

如果在解集 S 中考虑此问题，上述推论的逆命题是正确的.

定理 4.1.4 若 $\varphi(x)$ 和 $\psi(x)$ 是齐次线性微分方程(4-1-2) 在区间 I 上的解，则它们线性相关的充分必要条件为 $W(x)=W[\varphi(x),\psi(x)]\equiv 0$.

证明 必要性证明见定理 4.1.3.

现证充分性. 设在区间 I 上 $W(x)\equiv 0$. 特别地，取 $x_0\in I$，有 $W[\varphi(x_0),$

$\psi(x_0)]\equiv 0$. 考虑联立方程组

$$\begin{cases}\varphi(x_0)c_1+\psi(x_0)c_2=0,\\ \varphi'(x_0)c_1+\psi'(x_0)c_2=0.\end{cases}$$

它的朗斯基行列式 $W(x)=0$. 因此，上述方程组至少有一个非零解

$$c_1=\alpha, c_2=\beta, (\alpha,\beta)\neq(0,0).$$

令 $u(x)=\alpha\varphi(x)+\beta\psi(x)$. 则由定理 4.1.2 知，$u(x)$为微分方程(4-1-2) 的解，且由上述方程组可推出它满足初值条件(4-1-3).

另一方面，由于 $y=v(x)\equiv 0$ 是齐次线性微分方程(4-1-2) 的零解，且满足初值条件 (4-1-3). 根据初值问题解的唯一性定理可推出 $u(x)\equiv v(x)$，即在区间 I 上有 $\alpha\varphi(x)+\beta\psi(x)\equiv 0$，其中常数 α,β 不全为零. 即 $\varphi(x)$和 $\psi(x)$是线性相关的.

在定理 4.1.4 的证明中，实际上我们只用到 $W(x)$在一点 x_0 的值等于零. 因此，我们可以用反证法推出下面的结论.

定理 4.1.5　若 $\varphi(x)$和 $\psi(x)$是齐次线性微分方程(4-1-2) 在区间 I 上的解，则它们线性无关的充分必要条件为 $W(x)\neq 0$.

定义 4.1.3　如果 $\varphi(x)$和 $\psi(x)$是方程(4-1-2) 的两个线性无关解，称 $\varphi(x)$ 和 $\psi(x)(x\in I)$为齐次线性微分方程(4-1-2) 的**基本解组**.

定理 4.1.6　齐次线性微分方程(4-1-2) 存在基本解组.

证明　由存在唯一性定理 4.1.1 知，齐次线性微分方程(4-1-2) 在区间 I 上存在解 $\varphi(x)$和 $\psi(x)$，且满足初值条件 $\varphi(x_0)=1,\psi(x_0)=0$ 和 $\varphi(x_0)=0,\psi(x_0)=1$. 易知，$W[\varphi(x_0),\psi(x_0)]=1\neq 0$. 由定理 4.1.5 可以推出 $\varphi(x)$和 $\psi(x)$线性无关. 从而它们是齐次线性微分方程(4-1-2) 的基本解组.

定义 4.1.4　假设 $\varphi(x)$和 $\psi(x)(x\in I)$是齐次线性微分方程(4-1-2) 的基本解组，令

$$y=c_1\varphi(x)+c_2\psi(x), \tag{4-1-4}$$

式中，c_1,c_2 为任意常数，称为齐次线性微分方程(4-1-2) 的**通解**.

【例 4.1.3】　试证 $y=c_1\sin x+c_2\cos x$ 是方程 $y''+y=0$ 任何区间上的通解，并求适合 $y(0)=2$ 及 $y'(0)=3$ 的特解.

解　代入验证可知 $y_1=\sin x$ 和 $y_2=\cos x$ 均为方程 $y''+y=0$ 的解，且 $y_1/y_2=\tan x$ 不恒等于常数，可推出它们在任何区间 I 上线性无关，即 $y=c_1\sin x+c_2\cos x$ 是通解.

为求特解，把初值条件代入通解中，得 $c_1\sin 0+c_2\cos 0=2, c_1\cos 0+c_2\sin 0=3$，解之得 $c_1=3,c_2=2$. 故 $y=3\sin x+2\cos x$ 就是所求的特解.

定理 4.1.7　齐次线性微分方程(4-1-2) 的通解 (4-1-4) 包含它所有的解.

证明　首先由定理 4.1.2 可见，线性组合 (4-1-4) 是齐次线性微分方程(4-1-2)

的解.

其次，对任给齐次线性微分方程(4-1-2)的解 $y=u(x)$，须证存在常数 c_1,c_2 满足

$$u(x)=c_1\varphi(x)+c_2\psi(x).$$

为此，考虑联立方程组

$$\begin{cases}c_1\varphi(x_0)+c_2\psi(x_0)=u(x_0),\\ c_1\varphi'(x_0)+c_2\psi'(x_0)=u'(x_0).\end{cases}$$

因为 $\varphi(x)$ 和 $\psi(x)$ 线性无关，所以它们的朗斯基行列式在任意区间 I 上总有 $W(x)\neq0$. 即上述联立方程组的系数行列式不等于零，从而它有唯一解

$$c_1=\frac{1}{W(x_0)}\begin{vmatrix}u(x_0) & \psi(x_0)\\ u'(x_0) & \psi'(x_0)\end{vmatrix},c_2=\frac{1}{W(x_0)}\begin{vmatrix}\varphi(x_0) & u(x_0)\\ \varphi'(x_0) & u'(x_0)\end{vmatrix}.$$

因此，线性组合 $v(x)=c_1\varphi(x)+c_2\psi(x)$ 是齐次线性微分方程(4-1-2)的解，并且由上述联立方程组可见，$v(x_0)=u(x_0),v'(x_0)=u'(x_0)$. 即齐次线性微分方程(4-1-2)的解 $v(x)$ 和 $u(x)$ 满足相同的初值条件. 根据解的存在唯一性定理，可推出在区间 I 上有 $v(x)\equiv u(x)$.

定理 4.1.8 齐次线性微分方程(4-1-2)的基本解组唯一确定它的系数 $p(x)$ 和 $q(x)$.

证明 设 $y=\varphi(x)$ 和 $y=\psi(x)$ 为齐次线性微分方程(4-1-2)在区间 I 上的基本解组，则有

$$L[\varphi(x)]=0 \text{ 和 } L[\psi(x)]=0,$$

求解可得

$$p(x)=-\frac{\varphi(x)\psi''(x)-\varphi''(x)\psi(x)}{\varphi(x)\psi'(x)-\varphi'(x)\psi(x)}=-\frac{W'(x)}{W(x)} \tag{4-1-5}$$

和

$$q(x)=-\frac{\varphi'(x)\psi''(x)-\varphi''(x)\psi'(x)}{W(x)}.$$

定理 4.1.9 设 $y=u(x)\neq0$ 为齐次线性微分方程(4-1-2)在区间 I 上的解，则它的通解为

$$y=c_1u(x)+c_2u(x)\int_{x_0}^{x}\exp\left(-\int_{x_0}^{x}p(t)\mathrm{d}t\right)\frac{\mathrm{d}x}{u^2(x)}, \tag{4-1-6}$$

式中，c_1,c_2 为任意常数.

证明 由式(4-1-5)可得

$$\ln\frac{W(x)}{W(x_0)}=-\int_{x_0}^{x}p(t)\mathrm{d}t,$$

其中 $W(x)$ 是基本解组 $y=\varphi(x)$ 和 $y=\psi(x)$ 的朗斯基行列式. 由此推出

$$W(x)=W(x_0)\exp\left(-\int_{x_0}^{x}p(t)\mathrm{d}t\right). \tag{4-1-7}$$

再由公式

$$W(x)=\begin{vmatrix}\varphi(x) & \psi(x)\\ \varphi'(x) & \psi'(x)\end{vmatrix}=\varphi^2(x)\frac{\mathrm{d}}{\mathrm{d}x}\left(\frac{\psi(x)}{\varphi(x)}\right)$$

推得 $\frac{\mathrm{d}}{\mathrm{d}x}\left(\frac{\psi(x)}{\varphi(x)}\right)=\frac{W(x_0)\exp\left(-\int_{x_0}^{x}p(t)\mathrm{d}t\right)}{\varphi^2(x)}$. 令 $\varphi(x)=u(x)$ 和 $\psi(x)=v(x)$，可得

$$v(x)=u(x)\left(c+W(x_0)\int_{x_0}^{x}\exp\left(-\int_{x_0}^{x}p(t)\mathrm{d}t\right)\frac{\mathrm{d}x}{u^2(x)}\right),$$

式中，c 是某一常数，使得朗斯基行列式 $W(x_0)\neq 0$. 从而 $u(x)$和 $v(x)$为基本解组. 由此推出，齐次线性微分方程(4-1-2) 的通解为式(4-1-7).

称式(4-1-7) 为**刘维尔 (Liouville) 公式**.

【例 4.1.4】 求方程$(1-t^2)x''-2tx'+2x=0$ 的通解.

解 容易看出所给方程有一个解 $x_1=t$，在此处 $p(t)=-\frac{2t}{1-t^2}$，由刘维尔公式得

$$\begin{aligned}x&=x_1\left(c_1+c_2\int\frac{1}{x^2}\exp(-p(t)\mathrm{d}t)\mathrm{d}t\right)=t\left(c_1+c_2\int\frac{1}{t^2}\exp\left(\frac{2t}{1-t^2}\mathrm{d}t\right)\mathrm{d}t\right)\\&=t\left(c_1+c_2\int\frac{1}{t^2}\frac{\mathrm{d}t}{1-t^2}\right)=t\left(c_1+c_2\int\left(\frac{1}{t^2}+\frac{1}{2(1-t)}+\frac{1}{2(1+t)}\right)\mathrm{d}t\right)\\&=c_1t+c_2\left(\frac{t}{2}\ln\frac{1-t}{1+t}-1\right).\end{aligned}$$

4.1.2　非齐次线性微分方程与常数变易法

定理 4.1.10　二阶非齐次线性微分方程(4-1-1) 的通解等于它所对应齐次方程的通解与它自身的一个特解之和.

证明　设 $y=u(x)$为非齐次线性微分方程(4-1-1) 的一个特解，$\tilde{y}$ 为齐次线性微分方程(4-1-2) 的通解. 首先证明 $y=u(x)+\tilde{y}$ 是方程(4-1-1) 的解. 因为 $L[u(x)]=f(x)$和 $L[\tilde{y}]=0$，所以

$$L[u(x)+\tilde{y}]=L[u(x)]+L[\tilde{y}]=f(x).$$

即 $y=u(x)+\tilde{y}$ 是方程(4-1-1) 的解.

其次，证明 $y=u(x)+\tilde{y}$ 是方程(4-1-1) 的通解，即证对于方程(4-1-1) 的任意一解 $\bar{y}$，总可以表示成 $\bar{y}=u(x)+\tilde{y}_0$，其中 $\tilde{y}_0$ 是由 $\tilde{y}$ 中的任意常数取特定值而

得到的特解. 事实上，因为

$$L[\bar{y}-u(x)]=L[\bar{y}]-L[u(x)]=f(x)-f(x)=0.$$

所以，$\bar{y}-u(x)=\tilde{y}_0$ 是方程(4-1-1) 的解，其中 $\tilde{y}_0$ 可由 $\tilde{y}$ 中的任意常数取确定值而得到. 于是 $\bar{y}=u(x)+\tilde{y}$.

已知齐次线性微分方程通解的情况下，非齐次线性微分方程(4-1-1) 的求解问题归于“求出非齐次线性微分方程(4-1-1) 的一个特解 $y=u(x)$”. 常数变易法可给出这个问题的解答：假设 $y=\varphi(x)$和 $y=\psi(x)$是相应齐次线性微分方程(4-1-2) 的两个线性无关解. 我们的目的是寻找非齐次线性微分方程(4-1-1) 的通解. 如果已知 c_1,c_2 是两个任意常数，那么 $y=c_1\varphi(x)+c_2\psi(x)$是齐次线性微分方程(4-1-2) 的通解.

常数变易法的主要思想为：假设 $c_1=c_1(x),c_2=c_2(x)$是“待定函数”，使得

$$y=c_1(x)\varphi(x)+c_2(x)\psi(x) \tag{4-1-8}$$

为非齐次线性微分方程(4-1-1) 的特解. 对式(4-1-8) 求导得：

$$y'=(c_1'(x)\varphi(x)+c_2'(x)\psi(x))+(c_1(x)\varphi'(x)+c_2(x)\psi'(x)). \tag{4-1-9}$$

求解两个函数 $c_1(x),c_2(x)$，需要包含它们的两个方程. 为了在求 y''时不出现它们的二阶导数，令

$$c_1'(x)\varphi(x)+c_2'(x)\psi(x)=0. \tag{4-1-10}$$

此即第一个方程. 由式(4-1-9) 得：

$$y'=c_1(x)\varphi'(x)+c_2(x)\psi'(x). \tag{4-1-11}$$

对其求导得：

$$y''=c_1'(x)\varphi'(x)+c_2'(x)\psi'(x)+c_1(x)\varphi''(x)+c_2(x)\psi''(x)$$

把上面的 y,y'和 y''代入方程(4-1-1)，化简得：

$$c_1'(x)\varphi'(x)+c_2'(x)\psi'(x)=f(x). \tag{4-1-12}$$

此即第二个方程. 从而，方程(4-1-10) 和方程(4-1-12) 组成关于 $c_1'(x)$和 $c_2'(x)$的联立方程组

$$c_1'(x)\varphi(x)+c_2'(x)\psi(x)=0,\ c_1'(x)\varphi'(x)+c_2'(x)\psi'(x)=f(x).$$

且该方程组的系数行列式是 $\varphi(x)$和 $\psi(x)$的朗斯基行列式 $W(x)(\neq 0)$. 解之得

$$c_1'(x)=\frac{-\psi(x)f(x)}{W(x)},c_2'(x)=\frac{\varphi(x)f(x)}{W(x)}.$$

积分可得

$$c_1(x)=\int_0^x\frac{-\psi(\tau)f(\tau)}{W(\tau)}\mathrm{d}\tau+\tilde{c}_1,c_2(x)=\int_0^x\frac{\varphi(\tau)f(\tau)}{W(\tau)}\mathrm{d}\tau+\tilde{c}_2.$$

由式(4-1-8) 推出

$$y=\int_0^x\frac{\varphi(\tau)\psi(x)-\psi(\tau)\varphi(x)}{W(\tau)}f(\tau)\mathrm{d}\tau+\tilde{c}_1\varphi(x)+\tilde{c}_2\psi(x)$$

是方程(4-1-1) 的一个特解；从而方程(4-1-1) 的通解为

$$y=c_1\varphi(x)+c_2\psi(x)+\int_0^x \frac{\varphi(\tau)\psi(x)-\psi(\tau)\varphi(x)}{W(\tau)}f(\tau)\mathrm{d}\tau, \qquad (4\text{-}1\text{-}13)$$

式中，c_1, c_2 为任意常数.

为便于讨论，我们引进复值函数. 如果 $u(x)$ 和 $v(x)$ 为两个实值函数，则 $y \triangleq u(x)+\mathrm{i}v(x)$ 为实变量的复值函数. 对此复值函数，定义

$$y' \triangleq u'(x)+\mathrm{i}v'(x), \int y\mathrm{d}x \triangleq \int u(x)\mathrm{d}x+\mathrm{i}\int v(x)\mathrm{d}x.$$

对于一个复数 z，**欧拉公式**定义为：$\mathrm{e}^{\mathrm{i}\beta}=\cos\beta+\mathrm{i}\sin\beta$，其中 β 为一个实数. 一般地，对于 $z=\alpha+\mathrm{i}\beta$（α,β 均为实数），定义 $\mathrm{e}^{\alpha+\mathrm{i}\beta}=\mathrm{e}^{\alpha}(\cos\beta+\mathrm{i}\sin\beta)$.

关于实值函数的性质几乎都可以以原来的形式平移到复值函数上来，比如：

$$(z_1(x)z_2(x))'=z_1'(x)z_2(x)+z_1(x)z_2'(x), \quad \mathrm{e}^{z(x)}=z'(x)\mathrm{e}^{z(x)}.$$

特别地，对于复数 λ，有 $(\mathrm{e}^{\lambda x})'=\lambda\mathrm{e}^{\lambda x}$，$\int \mathrm{e}^{\lambda x}\mathrm{d}x=\frac{1}{\lambda}\mathrm{e}^{\lambda x}+c$，其中 c 为任意复数.

定理 4.1.11　设 $y=u(x)+\mathrm{i}v(x)$ 是方程

$$L[y]=U(x)+\mathrm{i}V(x)$$

的解，其中所有的系数以及 $U(x), V(x), u(x)$ 和 $v(x)$ 都是实变量 x 的实函数，$\mathrm{i}=\sqrt{-1}$ 是虚数单位，则解 $y=u(x)+\mathrm{i}v(x)$ 的实部 $u(x)$ 和虚部 $v(x)$ 分别满足：

$$L[u(x)]=U(x) \text{和} L[v(x)]=V(x).$$

证明　由复变函数的知识可知，有

$$L[u(x)+\mathrm{i}v(x)]=L[u(x)]+\mathrm{i}L[v(x)]=U(x)+\mathrm{i}V(x),$$

由于方程的系数以及 $U(x), V(x), u(x)$ 和 $v(x)$ 都是实变量 x 的实函数，于是

$$L[u(x)]=U(x) \text{和} L[v(x)]=V(x).$$

这里所讲的大部分思想和方法，都能推广到一般高阶线性微分方程. 下面我们列出一些重要的结论.

考虑 n 阶非齐次线性微分方程

$$L[y]=y^{(n)}+a_1(x)y^{(n-1)}+\cdots+a_{n-1}(x)y'+a_n(x)y=f(x), \quad (4\text{-}1\text{-}14)$$

及其对应的齐次线性微分方程

$$L[y]=y^{(n)}+a_1(x)y^{(n-1)}+\cdots+a_{n-1}(x)y'+a_n(x)y=0, \qquad (4\text{-}1\text{-}15)$$

其中 $a_i(x), i=1,2,\cdots,n, f(x)$ 都是区间 I 上的连续函数，L 为微分算子，且

$$L[y]=y^{(n)}+a_1(x)y^{(n-1)}+\cdots+a_{n-1}(x)y'+a_n(x)y.$$

定理 4.1.1′　如果非齐次线性微分方程(4-1-14) 的系数 $a_i(x), i=1,2,\cdots,n$ 及右端函数 $f(x)$ 在区间 I 上连续，则对任意 $y_0\in I$ 及任意 $y_0, y_0^{(1)}, \cdots, y_0^{(n-1)}$，方程(4-1-14) 存在唯一解 $y=\varphi(x)$，满足初始条件：

$$\varphi(x_0)=y_0, \varphi'(x_0)=y_0^{(1)}, \cdots, \varphi^{(n-1)}(x_0)=y_0^{(n-1)}.$$

我们总认为 $a_i(x), i=1,2,\cdots,n$ 及 $f(x)$ 都在区间 I 上连续.

定理 4.1.2′ **叠加原理** 如果 $y_1(x), y_2(x), \cdots, y_k(x)$ 是齐次线性微分方程(4-1-15) 的 k 个解，则其线性组合 $c_1y_1(x)+c_2y_2(x)+\cdots+c_ky_k(x)$ 也是方程(4-1-15) 的解，其中 $c_1, c_2, \cdots, c_k$ 是任意常数.

称定义在区间 I 上的 $k-1$ 次可微函数 $y_1(x), y_2(x), \cdots, y_k(x)$ 构成的行列式

$$W(x) \triangleq W[y_1(x), y_2(x), \cdots, y_k(x)] \triangleq \begin{vmatrix} y_1(x) & y_2(x) & \cdots & y_k(x) \\ y_1'(x) & y_2'(x) & \cdots & y_k'(x) \\ \vdots & \vdots & \vdots & \vdots \\ y_1^{(k-1)}(x) & y_2^{(k-1)}(x) & \cdots & y_k^{(k-1)}(x) \end{vmatrix}$$

为（它们的）**朗斯基（Wronski）行列式**.

定理 4.1.3′ 若函数 $y_1(x), y_2(x), \cdots, y_k(x)$ 在区间 I 上线性相关，则它们在此区间上的朗斯基行列式 $W(x)\equiv 0$.

定理 4.1.4′ 齐次线性微分方程(4-1-15) 的解 $y_1(x), y_2(x), \cdots, y_n(x)$ 在区间 I 上线性相关的充分必要条件为它们在区间 I 上的朗斯基行列式 $W[y_1(x), y_2(x), \cdots, y_k(x)]\equiv 0$.

定理 4.1.5′ 齐次线性微分方程(4-1-15) 的解 $y_1(x), y_2(x), \cdots, y_n(x)$ 在区间 I 上线性无关的充分必要条件为它们在区间 I 上的朗斯基行列式 $W[y_1(x), y_2(x), \cdots, y_k(x)]\neq 0$.

定理 4.1.6′ n 阶齐次线性微分方程(4-1-15) 一定存在 n 个线性无关的解.

定理 4.1.7′ **通解结构定理** 如果 $y_1(x), y_2(x), \cdots, y_n(x)$ 是齐次线性微分方程(4-1-15) 的 n 个线性无关的解，那么它们是该方程的基本解组，且齐次线性微分方程(4-1-15) 的通解为

$$y=c_1y_1(x)+c_2y_2(x)+\cdots+c_ny_n(x),$$

式中，$c_1, c_2, \cdots, c_n$ 为任意常数，此通解也包括了该方程的所有解.

定理 4.1.8′ 设 $y_1(x), y_2(x), \cdots, y_n(x)$ 是齐次线性微分方程(4-1-15) 的任意 n 个解，$W(x)$ 是它们的朗斯基行列式，则对 I 上任一点 x_0 都有刘维尔公式

$$W(x)=W(x_0)\exp\left(-\int_{x_0}^{x} a_1(t)\mathrm{d}t\right).$$

定理 4.1.9′ n 阶非齐次线性方程(4-1-14) 的通解等于它对应齐次线性微分方程(4-1-15) 的通解与它自身的一个特解之和.

定理 4.1.10′ 设 $y_1(x), y_2(x)$ 分别是 n 阶非齐次线性微分方程 $L[y]=f_1(x)$ 和 $L[y]=f_2(x)$ 的解，则

$$L[y_1(x)+y_2(x)]=f_1(x)+f_2(x),\quad L[y_1(x)-y_2(x)]=0.$$

定理 4.1.11′ 设 $y=u(x)+\mathrm{i}v(x)$ 为 $L[y]=U(x)+\mathrm{i}V(x)$ 的解，其所有的系数及 $U(x)$，$V(x)$，$u(x)$ 和 $v(x)$ 都是实变量 x 的实函数，$\mathrm{i}=\sqrt{-1}$ 是虚数单位，则解 $y=u(x)+\mathrm{i}v(x)$ 的实部 $u(x)$ 和虚部 $v(x)$ 分别满足 $L[u(x)]=U(x)$ 和 $L[v(x)]=V(x)$.

习 题 4.1

1. 设 $x(t)$ 和 $y(t)$ 是区间 I 上的连续函数，证明：如果在区间 I 上有 $\frac{y(t)}{x(t)}\neq$ 常数，或者 $\frac{x(t)}{y(t)}\neq$ 常数，则 $x(t)$ 和 $y(t)$ 在区间 I 上线性无关.（提示：可以用反证法证明.）

2. 设线性无关函数 $y_i(x)(i=1,2,3)$ 都是微分方程 $y''+p(x)y'+q(x)=f(x)$ 的解，则其通解为：(　　).

A. $c_1y_1(x)+c_2y_2(x)+y_3(x)$；

B. $c_1y_1(x)+c_2y_2(x)-(c_1+c_2)y_3(x)$；

C. $c_1y_1(x)+c_2y_2(x)-(1-c_1-c_2)y_3(x)$；

D. $c_1y_1(x)+c_2y_2(x)+(1-c_1-c_2)y_3(x)$.

3. 判断下列各函数组在它们的定义区间上是线性相关，还是线性无关.

(1) $x,\tan x$；

(2) $x+2,x-2$；

(3) $4-x,2x-3,6x+8$；

(4) $x,\mathrm{e}^x,x\mathrm{e}^x$；

(5) $\ln x^2,\ln 3x,7$；

(6) $\sqrt{x},\sqrt{x+1},\sqrt{x+2}$；

(7) $x,|x|,2x+\sqrt{4x^2}$；

(8) $5,\sin(x+1),\cos(x+1)$.

4. 试求出以 $1,\sin x,\cos x\,(x\in(-\infty,\infty))$ 为基本解组的齐次线性微分方程.

5. 试求出特解为 $\mathrm{e}^x,\mathrm{sh}x,\mathrm{ch}x$ 的齐次线性微分方程.

4.2　常系数线性微分方程的解法

我们已经清楚了线性微分方程解的性质和结构，但是还没有给出求通解的具体方法. 事实上，一般的线性微分方程没有普遍的解法，但常系数线性微分方程及可化为这一类型的方程的求解问题已经彻底解决了. 本节介绍常系数线性微分方程的求解方法，其中的齐次线性微分方程将转化为代数方程，而不必进行积分运算；对于某些特殊的非齐次线性微分方程，介绍通过代数运算和微分运算求通解的方法.

4.2.1 二阶常系数齐次线性微分方程的解法

考虑如下二阶常系数齐次线性微分方程

$$L[y]=y''+by'+ay=0, \tag{4-2-1}$$

式中，a，b 为实的常系数.

根据方程(4-2-1)的特点，假设它有形如 $y=e^{\lambda x}$ 的解，其中 λ 是待定常数. 把 $y=e^{\lambda x}$ 代入方程(4-2-1)，得

$$L[e^{\lambda x}]=(\lambda^2+b\lambda+a)e^{\lambda x}=0.$$

它等价于二次方程

$$F(\lambda)=\lambda^2+b\lambda+a=0. \tag{4-2-2}$$

称方程(4-2-2)为齐次线性微分方程(4-2-1)的**特征方程**，称 $F(\lambda)$为方程(4-2-1)的**特征多项式**.

令 $\Delta=b^2-4a$. 我们根据方程(4-2-2)根的情况讨论齐次线性微分方程(4-2-1)解的情况.

① $\Delta>0$ 时，方程(4-2-2)有两个实的特征根 $\lambda_1=\dfrac{-b+\sqrt{\Delta}}{2}$，$\lambda_2=\dfrac{-b-\sqrt{\Delta}}{2}$，且 $\lambda_1\neq\lambda_2$. 可得齐次线性微分方程(4-2-1)的两个实值解

$$y_1(x)=e^{\lambda_1 x}, y_2(x)=e^{\lambda_2 x}. \tag{4-2-3}$$

解组(4-2-3)是线性无关的. 从而 $y(x)=c_1e^{\lambda_1 x}+c_2e^{\lambda_2 x}$ 即为所求的通解，其中 c_1 和 c_2 为任意常数.

② $\Delta<0$ 时，方程(4-2-2)有两个复特征根 $\lambda_1=\alpha+i\beta$，$\lambda_2=\bar{\lambda}_1=\alpha-i\beta$，其中 $\alpha=-\dfrac{b}{2}$，$\beta=\dfrac{\sqrt{-\Delta}}{2}$，可得齐次线性微分方程(4-2-1)的两个复值解

$$y_1(x)=e^{(\alpha+i\beta)x}=e^{\alpha x}(\cos\beta x+i\sin\beta x), y_2(x)=e^{(\alpha-i\beta)x}=e^{\alpha x}(\cos\beta x-i\sin\beta x).$$

从而，

$$u(x)=\frac{y_1(x)+y_2(x)}{2}=e^{\alpha x}\cos\beta x, v(x)=\frac{y_1(x)-y_2(x)}{2}=e^{\alpha x}\sin\beta x. \tag{4-2-4}$$

显然，$u(x)$和 $v(x)$是两个实值解，而且它们的朗斯基行列式为 $W(x)=\beta e^{2\alpha x}$. 因此，$u(x)$和 $v(x)$是两个线性无关解. 从而齐次线性微分方程(4-2-1)通解为

$$y=e^{\alpha x}(c_1\cos\beta x+c_2\sin\beta x),$$

式中，c_1，c_2 为任意常数.

③ $\Delta=0$ 时，方程(4-2-2)有两个相等的实特征根 $\lambda_1=\lambda_2=-\dfrac{b}{2}$. 相应地，只

能得到一个实值解 $y_1(x)=e^{\lambda_1 x}=e^{-\frac{b}{2}x}$. 由 4.1 节习题 1 知，两个解 $y_1(x)$ 和 $y_2(x)$ 线性无关的充要条件是它们的比不等于常数. 假设齐次线性微分方程(4-2-1)的另一解为 $y_2(x)=s(x)y_1(x)$，则

$$L[y_2(x)]=0, \tag{4-2-5}$$

且 $y_2'(x)=s'(x)y_1(x)+s(x)y_1'(x)$，$y_2''(x)=s''(x)y_1(x)+2s'(x)y_1'(x)+s(x)y_1''(x)$，将 $y_2(x)$，$y_2'(x)$ 及 $y_2''(x)$ 代入式(4-2-5)，得

$$s(x)(y_1''(x)+by_1'(x)+ay_1(x))+s''(x)y_1(x)+s'(x)(by_1(x)+2y_1'(x))=0. \tag{4-2-6}$$

且 $y_1(x)$ 是从特征方程(4-2-2) 的重根得到的，故

$$y_1''(x)+by_1'(x)+ay_1(x)=0,\ by_1(x)+2y_1'(x)=0.$$

从而，式(4-2-6) 简化为 $s''(x)=0$. 不妨选取 $s(x)=x$. 由此可得齐次线性微分方程(4-2-1) 的另一个特解为 $y_2(x)=xe^{-\frac{b}{2}x}$. 所以，齐次线性微分方程(4-2-1) 的通解为

$$y(x)=c_1e^{-\frac{b}{2}x}+c_2xe^{-\frac{b}{2}x},$$

式中，c_1,c_2 为任意常数.

【例 4.2.1】 求解方程 $y''-4y=0$.

解 假设方程有解 $y=e^{\lambda x}$，把它代入原方程得特征方程 $\lambda^2-4=0$. 其特征根为 $\lambda_1=2,\lambda_2=-2$. 因此，方程的通解为 $y=c_1e^{2x}+c_2e^{-2x}$，其中 c_1,c_2 为任意常数.

【例 4.2.2】 求解方程 $y''+4y=0$.

解 设方程有解 $y=e^{\lambda x}$. 特征方程为 $\lambda^2+4=0$，其特征根为 $\lambda_1=2i,\lambda_2=-2i$，它们对应的两个复值解为 $e^{2ix}=\cos 2x+i\sin 2x, e^{-2ix}=\cos 2x-i\sin 2x$，对应于它们的实部和虚部，有两个线性无关的实值解 $\cos 2x$ 和 $\sin 2x$. 因此，方程的通解为 $y=c_1\cos 2x+c_2\sin 2x$，其中 c_1,c_2 为任意常数.

【例 4.2.3】 求解方程 $y''+2y'+y=0$.

解 假设方程有解 $y=e^{\lambda x}$，特征方程 $\lambda^2+2\lambda+1=0$ 的特征根为 $\lambda_1=\lambda_2=-1$. 基本解组为 e^x, xe^x. 因此，原方程的通解为 $y=c_1e^x+c_2xe^x$，其中 c_1,c_2 为任意常数.

4.2.2 二阶常系数非齐次线性微分方程的解法

由上节的讨论可知，只要知道齐次线性微分方程(4-1-2) 的两个线性无关解，我们就可以用常数变易法求出非齐次线性微分方程(4-1-1) 的通解. 常数变易法是求线性方程特解的一般方法. 利用常数变易法计算方程(4-1-1) 的特解时，往往需要经过积分运算，这在一般情况下是比较复杂的. 对于某些较常见的简单的 $f(x)$，如指数函数、正弦函数、余弦函数以及多项式函数或它们的线性组合，可以用待定

系数法求特解.

(1) $f(x)=P_m(x)e^{\alpha x}$，其中 $P_m(x)$ 是 m 次多项式

考虑非齐次线性微分方程

$$L[y]=y''+by'+ay=P_m(x)e^{\alpha x}. \tag{4-2-7}$$

我们要求的是方程(4-2-7)的特解. 考虑到 a,b 是常数和非齐次项的形式，假设方程(4-2-7)有形如

$$y^*=Q(x)e^{\alpha x}$$

的解，其中 $Q(x)$ 是一个多项式，其次数和系数均待定. 对 y^* 求导数，有

$$y^{*\prime}=Q'(x)e^{\alpha x}+\alpha Q(x)e^{\alpha x},\ y^{*\prime\prime}=Q''(x)e^{\alpha x}+2\alpha Q'(x)e^{\alpha x}+\alpha^2 Q(x)e^{\alpha x}.$$

将之代入方程(4-2-7)，得

$$[Q''(x)+(2\alpha+b)Q'(x)+(\alpha^2+b\alpha+a)Q(x)]e^{\alpha x}=P_m(x)e^{\alpha x}.$$

即

$$Q''(x)+(2\alpha+b)Q'(x)+(\alpha^2+b\alpha+a)Q(x)=P_m(x). \tag{4-2-8}$$

下面分三种情况讨论.

① 如果 $\alpha^2+b\alpha+a\neq 0$，即 α 不是特征方程的根.

由于 $P_m(x)$ 是一个 m 次多项式，要使式(4-2-8)的两边恒等，$Q(x)$ 也应该是一个 m 次多项式. 故令 $Q(x)=R_m(x)$，其中 $R_m(x)$ 是一个 m 次的系数待定的多项式. 把它代入式(4-2-8)，比较等式两边 x 同次幂的系数，即可求得 $R_m(x)$. 因此，当 α 不是特征方程的根时，方程(4-2-7)的特解形如

$$y^*=R_m(x)e^{\alpha x}.$$

② 如果 $\alpha^2+b\alpha+a=0$，而 $2\alpha+b\neq 0$，即 α 是特征方程的单根. 则式(4-2-8)变为

$$Q''(x)+(2\alpha+b)Q'(x)=P_m(x).$$

由此可知 $Q(x)$ 应该是一个 $m+1$ 次多项式，可令 $Q(x)=xR_m(x)$. 于是，当 α 是特征方程的单根时，方程(4-2-7)的特解形如

$$y^*=xR_m(x)e^{\alpha x}.$$

③ 如果 $\alpha^2+b\alpha+a=0$，$2\alpha+b=0$，即 α 是特征方程的二重根. 则式(4-2-8)变为

$$Q''(x)=P_m(x).$$

由此可知 $Q(x)$ 是一个 $m+2$ 次多项式，可令 $Q(x)=x^2R_m(x)$. 于是，当 α 是特征方程的二重根时，方程(4-2-7)的特解形如

$$y^*=x^2R_m(x)e^{\alpha x}.$$

总之，方程(4-2-7)有形如

$$y^*=x^kR_m(x)e^{\alpha x} \tag{4-2-9}$$

的特解，其中 $R_m(x)$ 是一个 m 次系数待定多项式. 当 α 是非齐次线性微分方程(4-2-7)对应特征方程的根时，k 取特征根的重数；当 α 不是非齐次线性微分方程(4-2-7)对应特征方程的根时，k 取 0.

【例 4.2.4】 求解方程 $y''+y=(x-2)e^{3x}$.

解 因为特征方程 $\lambda^2+1=0$ 的根为 $\lambda=\pm i$. 因此，齐次线性微分方程 $y''+y=0$ 的通解为 $y=c_1\cos x+c_2\sin x$. 由于 $\alpha=3$ 不是特征方程的根，故可令原方程的特解为

$$y^*=(Ax+B)e^{3x}.$$

代入原方程并比较同次幂的系数，得 $A=\frac{1}{10},B=-\frac{13}{50}$. 于是 $y^*=\left(\frac{1}{10}x-\frac{13}{50}\right)e^{3x}$.

从而，原方程的通解为

$$y=c_1\cos x+c_2\sin x+\left(\frac{1}{10}x-\frac{13}{50}\right)e^{3x}.$$

(2) $f(x)=P_m(x)e^{\alpha x}\cos\beta x+Q_l(x)e^{\alpha x}\sin\beta x$，其中 $P_m(x)$ 与 $Q_l(x)$ 分别为 m 次和 l 次多项式

先讨论方程 $L[y]=y''+by'+ay=P_m(x)e^{\alpha x}\cos\beta x$ 的求解方法. 由欧拉公式知道，

$$f(x)=P_m(x)e^{\alpha x}\cos\beta x \tag{4-2-10}$$

是函数 $P_m(x)e^{(\alpha+i\beta)x}$ 的实部，故考虑方程

$$L[y]=y''+by'+ay=P_m(x)e^{(\alpha+i\beta)x}. \tag{4-2-11}$$

由定理 4.1.11 知道，方程(4-2-11)的解的实部是方程(4-2-10)的解. 因此，只要按上面所讲的方法求出方程(4-2-11)的一个解，然后取其实部即得方程(4-2-10)的一个解. 同样，由 $f(x)=Q_l(x)e^{\alpha x}\sin\beta x$ 是 $f(x)=Q_l(x)e^{(\alpha+i\beta)x}$ 的虚部. 因此，要求 $L[y]=Q_l(x)e^{\alpha x}\sin\beta x$ 的一个解，只要先求得方程 $L[y]=Q_l(x)e^{(\alpha+i\beta)x}$ 的一个解，然后取这个解的虚部即可.

【例 4.2.5】 求方程 $y''-y=e^x\sin 2x$ 的通解.

解 对应的齐次方程为 $y''-y=0$，特征方程 $\lambda^2-1=0$ 的根为 $\lambda=\pm 1$，于是齐次方程的通解为 $y=c_1e^x+c_2e^{-x}$. 为求特解，先求 $y''-y=e^{(1+2i)x}$ 的一个解. 由于 $1+2i$ 不是特征根，故假设原方程有特解 $y=Ae^{(1+2i)x}$，代入原方程，得 $A=-\frac{1}{8}(1+i)$.

所以原方程的一个解为 $y=-\frac{1}{8}(1+i)e^{(1+2i)x}$. 由欧拉公式得

$$y=-\frac{1}{8}(1+i)e^{(1+2i)x}=-\frac{1}{8}e^x[(\cos 2x-\sin 2x)+i(\cos 2x+\sin 2x)].$$

取其虚部，即得原方程的一个解为 $y=-\frac{1}{8}e^x(\cos 2x+\sin 2x)$. 故原方程的通解为：

$$y=c_1e^x+c_2e^{-x}-\frac{1}{8}e^x(\cos2x+\sin2x).$$

像本题一样，特解可以从复值解中推得，也可以用待定系数法求解. 求方程

$$L[y]=y''+by'+ay=P_m(x)e^{\alpha x}\cos\beta x+Q_l(x)e^{\alpha x}\sin\beta x$$

特解 y^*，只需令

$$y^*=x^k[\bar{P}_h(x)e^{\alpha x}\cos\beta x+\bar{Q}_h(x)e^{\alpha x}\sin\beta x], \tag{4-2-12}$$

其中 $h=\max\{m,l\}$，当 $\alpha\pm i\beta$ 是特征方程的根时 k 取 1，当 $\alpha\pm i\beta$ 不是特征方程的根时 k 取 0. 只要 $f(x)$ 包含正弦函数或余弦函数中的一种，都应如式(4-2-12) 那样假设 $\bar{P}_h(x)$，$\bar{Q}_h(x)$，且都应设为待定的 h 次多项式.

【例 4.2.6】 没有空气阻力和外力作用的弹簧振动称为无阻尼自由振动，其方程为

$$m\ddot{x}+kx=p\cos nt, \tag{4-2-13}$$

式中，m,k,p,n 都是正常数. 请求其特解.

解 用待定系数法求解. 方程(4-2-13) 可写成如下形式

$$m\ddot{x}+kx=\frac{p}{2}(e^{nti}+e^{-nti}). \tag{4-2-14}$$

设它有特解

$$x=Ae^{nti}+Be^{-nti}, \tag{4-2-15}$$

其中 A,B 为待定常数. 代入方程(4-2-13)，可以得到

$$A[m(ni)^2+k]e^{nti}+B[m(-ni)^2+k]e^{-nti}=\frac{p}{2}(e^{nti}+e^{-nti}).$$

可推出 $A(-mn^2+k)=B(-mn^2+k)=\frac{p}{2}$.

(1) 设 ni 与 $-ni$ 不是特征根，即 $ni\neq\omega i$ 与 $-ni\neq-\omega i$，其中 $\omega=\sqrt{k/m}$，则有

$$A=B=\frac{p}{2(-mn^2+k)}.$$

从而由式(4-2-15) 得到特解

$$x=\frac{p}{2(-mn^2+k)}\frac{e^{nti}+e^{-nti}}{2}=\frac{p}{2m(\omega^2-n^2)}\cos nt.$$

(2) 设 ni 与 $-ni$ 是特征根，即 $n=\omega=\sqrt{k/m}$，则依照式(4-2-12) 的办法可求方程(4-2-13) 的形式特解

$$x=t(Ae^{nti}+Be^{-nti}), \tag{4-2-16}$$

代入方程(4-2-14) 得到

$$t(-mn^2+k)(Ae^{nti}+Be^{-nti})+2m(iAne^{nti}-iBne^{-nti})=\frac{p}{2}(e^{nti}+e^{-nti}).$$

再利用 $\omega=\sqrt{k/m}$ 得到

$$2m(\mathrm{i}A\omega\mathrm{e}^{\omega t\mathrm{i}}-\mathrm{i}B\omega\mathrm{e}^{-\omega t\mathrm{i}})=\frac{p}{2}(\mathrm{e}^{\omega t\mathrm{i}}+\mathrm{e}^{-\omega t\mathrm{i}}),$$

推出 $A=\frac{1}{2\mathrm{i}}\frac{p}{2m\omega}$，$B=-\frac{1}{2\mathrm{i}}\frac{p}{2m\omega}$. 从而由式(4-2-16) 可得微分方程(4-2-13) 的特解

$$x=\frac{tp}{2m\omega}\frac{\mathrm{e}^{\omega t\mathrm{i}}-\mathrm{e}^{-\omega t\mathrm{i}}}{2\mathrm{i}}=\frac{tp}{2m\omega}\sin\omega t.$$

以上求解二阶常系数线性微分方程的方法可以推广到其他高阶常系数线性微分方程. 设 n 阶常系数非齐次线性微分方程及其对应的齐次线性微分方程为：

$$L[y]=y^{(n)}+a_1y^{(n-1)}+\cdots+a_{n-1}y'+a_ny=f(x),\tag{4-2-17}$$

$$L[y]=y^{(n)}+a_1y^{(n-1)}+\cdots+a_{n-1}y'+a_ny=0,\tag{4-2-18}$$

式中，$a_i,i=1,\cdots,n$ 为常数. 设 $y=\mathrm{e}^{\lambda x}$ 为方程(4-2-18) 的解，并代入方程(4-2-18) 得其特征方程

$$F(\lambda)=\lambda^n+a_1\lambda^{n-1}+\cdots+a_{n-1}\lambda+a_n=0.\tag{4-2-19}$$

称 $F(\lambda)$为方程(4-2-18) 的**特征多项式**.

上述 n 阶常系数齐次线性微分方程的通解定理如下.

定理 4.2.1　设 n 阶常系数齐次线性微分方程(4-2-18) 的特征方程 $F(\lambda)=0$ 有 k 个不同的根 $\lambda_1,\lambda_2,\cdots,\lambda_k$，它们的重数分别为 $n_1,n_2,\cdots,n_k$，$n_1+n_2+\cdots+n_k=n$. 则方程(4-2-18) 的通解为：

$$y=\sum_{i=1}^{k}\sum_{j=1}^{n_i}c_{ij}x^{j-1}\mathrm{e}^{\lambda_i x}.\tag{4-2-20}$$

定理 4.2.1 给出了求解常系数齐次线性微分方程的步骤：

① 由方程(4-2-18) 写出它的特征方程(4-2-19)，即 $F(\lambda)=0$；

② 求出特征方程(4-2-19) 所有的根 $\lambda_1,\lambda_2,\cdots,\lambda_k$ 及它们相应的重数 $n_1,n_2,\cdots,n_k$；

③ 对于每个特征根 λ_i 及其重数 n_i，写出它们所对应的 n_i 个解 ($i=1,2,\cdots,k$)：

$$\mathrm{e}^{\lambda_1 x},x\mathrm{e}^{\lambda_1 x},\cdots,x^{n_1-1}\mathrm{e}^{\lambda_1 x},\mathrm{e}^{\lambda_2 x},x\mathrm{e}^{\lambda_2 x},\cdots,\mathrm{e}^{\lambda_k x},x\mathrm{e}^{\lambda_k x},\cdots,x^{n_k-1}\mathrm{e}^{\lambda_k x}\tag{4-2-21}$$

④ 将③中得到的每个解，分别乘以一个任意常数，然后相加即得通解(4-2-20).

注　若某个特征根是复数，例如 $\lambda_1=\alpha+\mathrm{i}\beta(\beta\neq0)$是复数，则必有共轭特征根 $\alpha-\mathrm{i}\beta$. 它们的重数相等. 不妨设其重数为 n_1，则 $2n_1$ 个复值解为

$$\mathrm{e}^{(\alpha+\mathrm{i}\beta)x},x\mathrm{e}^{(\alpha+\mathrm{i}\beta)x},\cdots,x^{n_1-1}\mathrm{e}^{(\alpha+\mathrm{i}\beta)x},\mathrm{e}^{(\alpha-\mathrm{i}\beta)x},x\mathrm{e}^{(\alpha-\mathrm{i}\beta)x},\cdots,x^{n_1-1}\mathrm{e}^{(\alpha-\mathrm{i}\beta)x}.\tag{4-2-22}$$

由此可以构造出 $2n_1$ 个实值解为

$$\begin{aligned}&e^{\alpha x}\cos\beta x, xe^{\alpha x}\cos\beta x, \cdots, x^{n_1-1}e^{\alpha x}\cos\beta x,\\&e^{\alpha x}\sin\beta x, xe^{\alpha x}\sin\beta x, \cdots, x^{n_1-1}e^{\alpha x}\sin\beta x.\end{aligned} \tag{4-2-23}$$

可以证明函数组（4-2-21）是线性无关的，它们构成齐次线性微分方程(4-2-18）的基本解组，且用式(4-2-23）代替式(4-2-22）后所得到的解也是线性无关的. 基于此，所有复值解都由相应的实值解来代替，就可以得到新的基本解组.

对常系数非齐次线性微分方程(4-2-17）有：

① 设其中 $f(x)=P_m(x)e^{\alpha x}$，$P_m(x)$ 为 m 次多项式. 此时仍可设方程(4-2-17）的特解形式为式(4-2-9)，当 α 是齐次线性微分方程(4-2-18）的特征方程的根时，k 取特征根 α 的重数；当 α 不是特征方程的根时，k 取 0.

② 设其中 $f(x)=P_m(x)e^{\alpha x}\cos\beta x+Q_l(x)e^{\alpha x}\sin\beta x$，$P_m(x)$，$Q_l(x)$ 分别为 m 和 l 次多项式. 此时仍可设方程(4-2-17）的特解形式为式(4-2-12)，其中 $h=\max\{m,l\}$，当 $\alpha\pm i\beta$ 是齐次线性微分方程(4-2-18）的根时 k 取 $\alpha+i\beta$（或 $\alpha-i\beta$）的重数，当 $\alpha\pm i\beta$ 不是齐次线性微分方程(4-2-18）的根时 k 取 0. 只要 $f(x)$ 包含正弦函数或余弦函数中的一种，都应如式(4-2-12）那样假设 $\bar{P}_h(x)$，$\bar{Q}_h(x)$，且都应设为待定的 h 次多项式.

【例 4.2.7】 求解方程 $y^{(4)}-y=0$.

解 特征方程 $\lambda^4-1=0$ 的根为 $\lambda_1=1$，$\lambda_2=-1$，$\lambda_3=i$，$\lambda_4=-i$，故方程的通解为

$$y=c_1e^x+c_2e^{-x}+c_3\cos x+c_4\sin x,$$

式中，c_1，c_2，c_3，c_4 为任意常数.

【例 4.2.8】 求方程 $y^{(4)}+2y''+y=0$ 的通解.

解 特征方程 $\lambda^4+2\lambda^2+1=(\lambda^2+1)^2=0$ 的根为 $\lambda_{1,2}=\pm i$，它们都是二重根，所以其 4 个实值解为 $\cos x$，$\sin x$，$x\cos x$，$x\sin x$，故方程的通解为 $y=(c_1+c_2x)\cos x+(c_3+c_4x)\sin x$，其中 c_1，c_2，c_3，c_4 为任意常数.

【例 4.2.9】 求方程 $y''+y'-2y=5x^2$ 的一个特解.

解 对应齐次方程的特征方程 $\lambda^2+\lambda-2=(\lambda+2)(\lambda-1)=0$ 的根为 $\lambda_1=-2$，$\lambda_2=1$，均为单根. 因此，该方程特解的形式为 $\varphi(x)=a_0+a_1x+a_2x^2$，其中 a_0，a_1，a_2 为待定系数. 把它代入原方程并比较同次幂项的系数，可得 $a_0=-\frac{15}{4}$，$a_1=a_2=-\frac{5}{2}$. 比较上式两端的系数，因此原方程的一个特解为

$$\varphi(x)=-\frac{5}{2}x^2-\frac{5}{2}x-\frac{15}{4}.$$

【例 4.2.10】 求方程 $y''-y'=-4x^3$ 的一个特解.

解 对应的齐次方程的特征方程 $\lambda^2-\lambda=\lambda(\lambda-1)=0$ 的根为 $\lambda_1=0$，$\lambda_2=1$. 因

此可设非齐次方程的特解为 $\varphi(x)=x(a_0+a_1x+a_2x^2+a_3x^3)$，将它代入原方程并比较同次幂项的系数得 $a_0=24, a_1=12, a_2=4, a_3=1$. 因此所求的特解为 $\varphi(x)=x^4+4x^3+12x^2+24x$.

【例 4.2.11】 求方程 $y''+y=2\sin x$ 的通解.

解 对应齐次方程的通解为 $y=c_1\cos x+c_2\sin x$，其中 c_1, c_2 为任意常数. 设非齐次方程的特解为 $\varphi(x)=x(A\cos x+B\sin x)$. 将它代入原方程得 $2B\cos x-2A\sin x=2\sin x$. 比较其两端 $\cos x, \sin x$ 的系数可得 $A=-1, B=0$. 故原方程有特解 $\varphi(x)=-x\cos x$. 所以原方程的通解为

$$y=c_1\cos x+c_2\sin x-x\cos x,$$

式中，c_1, c_2 为任意常数.

习 题 4.2

1. 求解下列常系数齐次线性方程：

(1) $y^{(4)}-y=0$；

(2) $y''-4y'=0$；

(3) $y''+9y'+20y=0$；

(4) $y'''-2y''-y'+2y=0$；

(5) $y''+2y'=0$；

(6) $y''+4y'+13y=0$；

(7) $y'''-y=0$；

(8) $y'''+3y'-4y=0$；

(9) $y'''-y''+y'-y=0$；

(10) $y'''-2y''-3y'+10y=0$；

(11) $y^{(6)}-2y^{(4)}-y''+2y=0$；

(12) $y^{(4)}-y''=0$；

(13) $y''-y=\dfrac{2e^x}{e^x-1}$；

(14) $y''+y=2\sec^3 x$；

(15) $y''-2y'+y=\dfrac{e^x}{x}$；

(16) $y''+3y'+2y=e^x$；

(17) $y''+y=\dfrac{1}{\sin^3 x}$；

(18) $y''+y=1-\dfrac{1}{\sin x}$.

2. 求解下列非齐次方程：

(1) $y''+4y=8$；

(2) $y''+y=xe^{-x}$；

(3) $2y''+3y'+y=4-e^x$；

(4) $y''-2y'+4y=(x+2)e^{3x}$；

(5) $y'''-y=e^x$；

(6) $y''+2ay'+a^2y=e^x$；

(7) $y''-4y'+4y=e^x+e^{2x}+1$；

(8) $y''+3y'=2\sin x+\cos x$；

(9) $y''+2ky'+2k^2y=5k^2\sin kx\ (k\neq 0)$；

(10) $y''+y'=\sin x\cos x$；

(11) $y''-2y'+2y=e^{-x}\cos x$；

(12) $y''+y'=\sin ax, a>0$；

(13) $y''+4y=x\sin 2x$；

(14) $y'''+3y''+3y'+y=(x-5)e^{-x}$.

3. 求下列方程初值问题的解：

(1) $y''+4y=2\cos x, y(0)=0, y'(0)=2$；

(2) $y^{(4)}+2y''+y=\sin x, y(0)=1, y'(0)=-2, y''(0)=3, y'''(0)=0$;

(3) $y^{(4)}+y=2e^{x}, y(0)=y'(0)=y''(0)=y'''(0)=1$.

4. 设 $f(x)$ 为连续函数，且满足 $f(x)=e^{-x}+\frac{1}{2}\int_0^x (x-t)^2 f(t)\mathrm{d}t$，求 $f(x)$.

4.3 一般微分方程的解法

一般的高阶微分方程没有普遍的解法. 如果能够设法降低它的阶数，那么我们就把原来的问题推进了一步. 有时还可以继续前进，直到完全解决问题. 这就是降阶法的主要思想. 一般来说，低阶方程比高阶方程方便求解. 因此，如果二阶微分方程能够降阶，那么问题就转化为求解一阶微分方程.

4.3.1 变量变换法

前面已多次采用变量变换法求解一阶微分方程. 这里用变量变换法讨论两个问题，一是将微分方程降阶，二是将一些变系数方程化为常系数方程.

(1) 降阶法

类型Ⅰ 一般来说，只要知道 n 阶齐次线性微分方程

$$y^{(n)}+a_1(x)y^{(n-1)}+\cdots+a_{n-1}(x)y'+a_n(x)y=0 \tag{4-3-1}$$

的一个解 $\varphi(x)$，令 $y=\varphi(x)z$ 即可把方程(4-3-1) 化为一个关于 $z=z(x)$ 的齐次方程，且不出现 z，因此可以降低一阶. 如果知道齐次线性微分方程(4-3-1) 的 $k(<n)$ 个线性无关解，那么可以把它变为 $n-k$ 阶的齐次线性微分方程.

对于二阶非齐次线性微分方程 $y''+a(x)y'+b(x)y=f(x)$，如果 $\varphi(x)$ 是对应齐次线性微分方程的一个解，经变换 $y=\varphi(x)z$ 得到

$$\varphi(x)z''+[2\varphi'(x)+a(x)\varphi(x)]z'=f(x).$$

再作变换 $z'=h(x)$，即得 $h'(x)+\frac{[2\varphi'(x)+a(x)\varphi(x)]h(x)}{\varphi(x)}=\frac{f(x)}{\varphi(x)}$. 这是以 $h(x)$ 为未知函数的线性微分方程，其解为

$$h(x)=\frac{\exp\left(-\int a(t)\mathrm{d}t\right)}{\varphi^2(x)}\left(c_1+\int f(t)\varphi(t)\exp\left(\int a(t)\mathrm{d}t\right)\mathrm{d}t\right).$$

再积分得原方程的通解为：

$$y=\varphi(x)\left\{\int\frac{\exp\left(-\int a(t)\mathrm{d}t\right)}{\varphi^2(x)}\left(c_1+\int f(t)\varphi(t)\exp\left(\int a(t)\mathrm{d}t\right)\mathrm{d}t\right)+c_2\right\}.$$

对于非齐次线性微分方程，假如已经求得其对应的齐次微分方程的一个非平凡解，则通过线性变换就可归结为求解降低一阶的线性微分方程，这种方法即为线性微分方程的**降阶法**.

【例 4.3.1】 已知 $y_1=\frac{1}{x}$是方程 $xy'''+3y''-xy'-y=0$ 的解，试求它的通解.

解 这是三阶变系数齐次线性微分方程，作线性齐次变换 $y=\frac{1}{x}z$，则

$$y'=\frac{1}{x}z'-\frac{1}{x^2}z,\ y''=\frac{1}{x}z''-\frac{2}{x^2}z'+\frac{2}{x^3}z,\ y'''=\frac{1}{x}z'''-\frac{3}{x^2}z''+\frac{6}{x^3}z'-\frac{6}{x^4}z,$$

代入原方程，得 $z'''-z'=0$,其通解为 $z=c_1+c_2\mathrm{e}^{-x}+c_3\mathrm{e}^{x}$，其中 c_1,c_2,c_3 为任意常数. 于是原方程的通解为 $y=\frac{1}{x}(c_1+c_2\mathrm{e}^{-x}+c_3\mathrm{e}^{x})$,其中 c_1,c_2,c_3 为任意常数.

类型Ⅱ 降阶法也可以逐步求解高阶方程

$$F(x,y^{(n-2)},y^{(n-1)},y^{(n)})=0,n\geqslant 2$$

中的几类特殊情形. 令 $z=y^{(n-2)}$，将方程变为二阶方程

$$F(x,z,z',z'')=0. \tag{4-3-2}$$

① 如果（4-3-2）中缺少自变量，即 $F(z,z',z'')=0$. 令 $z'=u$,则 $z''=\frac{\mathrm{d}u}{\mathrm{d}z}\frac{\mathrm{d}z}{\mathrm{d}x}=u\frac{\mathrm{d}u}{\mathrm{d}z}$. 此时，方程(4-3-2）最终可化为 $F\left(z,u,u\frac{\mathrm{d}u}{\mathrm{d}z}\right)=0$.

② 如果方程(4-3-2）中缺少未知函数 z，即 $F(x,z',z'')=0$. 令 $z'=u$,则可化为 $F(x,u,u')=0$.

【例 4.3.2】 求解方程 $y\ddot{y}-\dot{y}^2=0$.

解 令 $p=\dot{y}$，取 y 为新的自变量，并以 p 为新的未知函数，则 $\ddot{y}=p\frac{\mathrm{d}p}{\mathrm{d}y}$. 于是原方程化为

$$py\frac{\mathrm{d}p}{\mathrm{d}y}-p^2=p\left(y\frac{\mathrm{d}p}{\mathrm{d}y}-p\right)=0.$$

从而由 $p=0$ 可得一个任意常数解 $y=c$. 由 $y\frac{\mathrm{d}p}{\mathrm{d}y}-p=0$ 可得 $p=c_1y$，再以 $p=\dot{y}$ 代入并积分得原方程的通解为 $y=c_2\mathrm{e}^{c_1t}$，其中 c_1,c_2 为任意常数.

【例 4.3.3】 求方程 $\dddot{x}-\frac{1}{t}\ddot{x}=0$ 的通解.

解 令 $\ddot{x}=y$，则原方程化为$\frac{\mathrm{d}y}{\mathrm{d}t}-\frac{1}{t}y=0$. 它是一阶方程，其通解为 $y=\bar{c}_1t$. 即有$\frac{\mathrm{d}^2x}{\mathrm{d}t^2}=\bar{c}_1t$. 通过积分得原方程的通解为 $x=c_1t^3+c_2t+c_3$,其中 c_1,c_2,c_3 为任

意常数.

③ 如果方程(4-3-2) 中 F 关于变量 z, z', z'' 是 m 次齐次函数，即

$$F(x, tz, tz', tz'')=t^m F(x, z, z', z''),$$

则令 $z'=uz$，其中 $u=u(x)$是新的未知函数. 注意到 $z''=u'z+uz'=(u'+u^2)z$. 由齐次性知 $F(x, z, z', z'')=z^m F(x, 1, u, u'+u^2)$. 故经变换 $z'=uz$ 方程(4-3-2) 可化成一阶隐式方程

$$F(x, 1, u, u'+u^2)=0.$$

【例 4.3.4】 求方程 $xyy''-yy'-xy'^2=0$ 的解.

解 方程左端是关于函数及其导数的二次齐次函数. 作变换 $y'=uy$，其中 $u=u(x)$是新的未知函数. 因 $y''=(u'+u^2)y$；于是原方程可化为一阶线性方程 $xu'=u$. 其解为 $u=2c_1x$. 代入 $y'=uy$，可解出原方程的通解为 $y=c_2 e^{c_1x^2}$,其中 c_1, c_2 为任意常数.

类型Ⅲ 全微分方程和积分因子

称 n 阶微分方程

$$F(x, y, y', \cdots, y^{(n)})=0 \tag{4-3-3}$$

为**全微分方程**，若其左端为某个 $n-1$ 阶微分表达式 $\varphi(x, y, y', \cdots, y^{(n-1)})$对自变量 x 的全导数，即

$$F(x, y, y', \cdots, y^{(n)})=\frac{d}{dx}\varphi(x, y, y', \cdots, y^{(n-1)}).$$

则可得 $n-1$ 阶的方程 $\varphi(x, y, y', \cdots, y^{(n-1)})=c_1$，若能求出其通解 $y=\varphi(x, c_1, c_2, \cdots, c_n)$，则它也一定是方程(4-3-3) 的通解. 有时方程(4-3-3) 本身不是全微分方程，乘以适当的因子 $\mu(x, y, y', \cdots, y^{(n-1)})$后却能成为全微分方程，称 $\mu(x, y, y', \cdots, y^{(n-1)})$为方程(4-3-3) 的**积分因子**.

【例 4.3.5】 求解方程 $y\ddot{y}-\dot{y}^2=0$.

解 此方程不是全微分方程，但乘上因子 $\mu=\frac{1}{y^2}$后，方程化为

$$\frac{1}{y}\ddot{y}-\frac{1}{y^2}\dot{y}^2=\frac{d}{dt}\left(\frac{1}{y}\frac{dy}{dt}\right)=0.$$

故有 $\frac{1}{y}\frac{dy}{dt}=c_1$. 所以，原方程的通解为 $y=c_2 e^{c_1x}$,其中 c_1, c_2 为任意常数.

本题中方程的左端是未知函数及其导数的齐次函数，故也可根据齐次方程的性质求解.

(2) 欧拉 (Euler) 方程

称如下形式的方程

$$a_0x^n y^{(n)}+a_1x^{n-1}y^{(n-1)}+\cdots+a_{n-1}xy'+a_ny=f(x) \tag{4-3-4}$$

为**欧拉方程**，其中 $a_i, i=0,1,\cdots,n$ 为常数，$a_0 \neq 0$，$f(x)$为已知连续函数. 通过变量变换法可将欧拉方程化为常系数线性方程. 现以二阶欧拉方程为例进行说明.

$$a_0 x^2 \frac{\mathrm{d}^2 y}{\mathrm{d}x^2}+a_1 x \frac{\mathrm{d}y}{\mathrm{d}x}+a_2 y=f(x).$$

引入新变量 t，当 $x>0$ 时，令 $x=\mathrm{e}^t$，即 $t=\ln x$（若 $x<0$，令 $x=-\mathrm{e}^t$. 一般地，取 $t=\ln|x|$），于是

$$\frac{\mathrm{d}y}{\mathrm{d}x}=\frac{\mathrm{d}y}{\mathrm{d}t}\frac{\mathrm{d}t}{\mathrm{d}x}=\mathrm{e}^{-t} \frac{\mathrm{d}y}{\mathrm{d}t},\ \frac{\mathrm{d}^2 y}{\mathrm{d}x^2}=\mathrm{e}^{-t} \frac{\mathrm{d}}{\mathrm{d}t}\left(\mathrm{e}^{-t} \frac{\mathrm{d}y}{\mathrm{d}t}\right)=\mathrm{e}^{-2t}\left(\frac{\mathrm{d}^2 y}{\mathrm{d}t^2}-\frac{\mathrm{d}y}{\mathrm{d}t}\right).$$

把$\frac{\mathrm{d}y}{\mathrm{d}x}$和$\frac{\mathrm{d}^2 y}{\mathrm{d}x^2}$代入二阶欧拉方程得

$$a_0 \frac{\mathrm{d}^2 y}{\mathrm{d}t^2}+(a_1-a_0)\frac{\mathrm{d}y}{\mathrm{d}t}+a_2 y=f(\mathrm{e}^t).$$

这是函数 y 关于新自变量 t 的二阶常系数线性微分方程. 对 n 阶欧拉方程可类似处理.

【例 4.3.6】 求 $x^2 \frac{\mathrm{d}^2 y}{\mathrm{d}x^2}+x \frac{\mathrm{d}y}{\mathrm{d}x}=6\ln x-\frac{1}{x}$的通解.

解　令 $x=\mathrm{e}^t$，则所求方程可化为$\frac{\mathrm{d}^2 y}{\mathrm{d}t^2}=6t-\mathrm{e}^{-t}$. 积分两次，求得其通解为 $y=c_1+c_2 t+t^3-\mathrm{e}^{-t}$,代回原变量 x，即得原方程在 $x>0$ 时的通解为

$$y=c_1+c_2\ln x+(\ln x)^3-\frac{1}{x},$$

式中，c_1, c_2 为任意常数.

4.3.2　幂级数解法

二阶齐次线性微分方程

$$A(x)y''+B(x)y'+C(x)y=0, \tag{4-3-5}$$

式中，$A(x)$,$B(x)$和 $C(x)$都是 x 的多项式. 它在近代物理学以及工程技术中有很广泛的应用. 当系数函数不是常数时，它的解一般不能用初等函数表示出来. 这迫使人们寻求新的解决办法，幂级数解法就是很重要的一种. 它不但对求解方程有意义，而且还由此引出了很多新的超越函数，在理论上很重要.

如果方程(4-3-5) 的系数多项式有公因子 $x-x_0$，那么我们可以把这种公因子消去. 因此可以假设这些系数函数没有公因子. 如果 $A(x)\neq 0$，那么在点 x_0 附近 $A(x)\neq 0$. 因此方程(4-3-5) 可以化为

$$y''+p(x)y'+q(x)y=0, \tag{4-3-6}$$

其中 $p(x)=B(x)/A(x)$,$q(x)=C(x)/A(x)$在点 x_0 附近连续. 根据解的存在唯一性定理，在点 x_0 附近初值问题

$$\begin{cases} y''+p(x)y'+q(x)y=0, \\ y(x_0)=y_0, y'(x_0)=y'_0 \end{cases} \tag{4-3-7}$$

的解存在且唯一.我们称这样的点为微分方程(4-3-6)的**常点**.

如果 $A(x_0)=0$，则 $B(x_0)$，$C(x_0)$ 至少有一个不等于零.因此，$p(x_0)$ 或 $q(x_0)$ 中至少有一个在点 x_0 是不连续的，此时无法确定初值问题（4-3-7）的解是存在且唯一的.这样的点称为**奇点**.

这一节基本上属于常微分方程解析理论的范围，我们不加证明地给出两个定理.

定理 4.3.1 设微分方程(4-3-6)中的系数函数 $p(x)$ 和 $q(x)$ 在区间 $|x-x_0|<r$ 可以展成 $x-x_0$ 的收敛的幂级数，则方程(4-3-6)在区间 $|x-x_0|<r$ 内有收敛的幂级数解

$$y=\sum_{n=0}^{\infty} c_n (x-x_0)^n, \tag{4-3-8}$$

式中，c_0，c_1 为任意常数（可通过在 x_0 的初值条件来决定，即 $c_0=y_0$，$c_1=y'_0$），而系数 $c_n(n\geqslant 2)$ 可以从 c_0，c_1 出发依次由递推公式确定.

通常可按以下步骤寻找微分方程(4-3-6)的幂级数解（4-3-8）：

第一步：假定微分方程(4-3-6)有如下形式幂级数解

$$y=\sum_{k=0}^{\infty} d_k (x-x_0)^k, \quad |x-x_0|<r, \tag{4-3-9}$$

把它代入微分方程(4-3-6)，可得到一个（形式的）恒等式.然后，利用这个恒等式，可依次确定系数 d_k.这样，我们就得到了微分方程(4-3-6)的形式幂级数解(4-3-8)，且该形式幂级数解唯一.

第二步：由定理 4.3.1 可见，“收敛的幂级数解（4-3-9）”为微分方程(4-3-6)的形式幂级数解.由形式幂级数解的唯一性可推出，幂级数解（4-3-9）就是（收敛的）幂级数解（4-3-8）.因此，形式幂级数解（4-3-9）是收敛的.

定理 4.3.2 如果微分方程（4-3-6）中的系数 $p(x)$ 和 $q(x)$ 能使 $xp(x)$ 和 $x^2q(x)$ 在某点 $x=x_0$ 邻域内展成 $x-x_0$ 的幂级数，其收敛区间为 $|x-x_0|<R$，则微分方程（4-3-6）有形如

$$y=(x-x_0)^{\rho}\sum_{n=0}^{\infty} a_n (x-x_0)^n$$

的广义幂级数解，这里 $a_0\neq 0$，ρ 为某一待定实数，且该级数也以 $|x-x_0|<R$ 为收敛区间.

【例 4.3.7】 用幂级数法求解 **Airy** 方程 $y''-xy=0$，$-\infty<x<\infty$.

解 $x=0$ 为 **Airy** 方程的常点.假设 $y=\sum_{n=0}^{\infty} a_n x^n$ 为该方程的解，这里 a_n，$n=$

$0,1,\cdots$是待定常数，将它对 x 微分两次，有

$$y'=\sum_{n=0}^{\infty}na_nx^{n-1}=\sum_{n=0}^{\infty}(n+1)a_{n+1}x^n,$$

$$y''=\sum_{n=0}^{\infty}n(n-1)a_nx^{n-2}=\sum_{n=0}^{\infty}(n+2)(n+1)a_{n+2}x^n.$$

将表达式 y,y''代入方程，并比较 x 的同次幂的系数，得到

$$\sum_{n=0}^{\infty}(n+2)(n+1)a_{n+2}x^n=x\sum_{n=0}^{\infty}(n+1)a_{n+1}x^n=\sum_{n=0}^{\infty}a_{n-1}x^n,$$

式中，$a_{-1}=0$. 因此有递推公式

$$(n+2)(n+1)a_{n+2}=a_{n-1},\ n=0,1,2,\cdots.$$

由此推出，$a_2=a_5=a_8=\cdots=a_{3n+2}=\cdots=0$,而由 a_0 可以确定 $a_3,a_6,\cdots,a_{3n},\cdots$,同样由 a_1 可以确定 $a_4,a_7,\cdots,a_{3n+1},\cdots$. 所以，我们得到 **Airy** 方程的解为

$$y=a_0\left[1+\sum_{n=1}^{\infty}\frac{x^{3n}}{(3n)(3n-1)\cdots3\cdot2}\right]+a_1\left[x+\sum_{n=1}^{\infty}\frac{x^{3n+1}}{(3n+1)(3n)\cdots4\cdot3}\right],$$

其中 a_0,a_1 是任意的. 这个幂级数的收敛半径为无穷大，因而级数的和（其中包括两个任意常数 a_0,a_1）便是所求的通解.

如果用 **Maple** 求解，指令为：

```
eq1:= diff(y(x),x,x)= x*y(x)
dsolve(eq1,y(x),series)
y(x)= y(0)+(D(y))(0)*x+(1/6)*y(0)*x^3+(1/12)*(D(y))(0)*x^4
+O(x^6)
```

取初值条件为 $y(0)=1,y'(0)=1$ 时，**Maple** 求解的指令为：

```
dsolve({eq1,y(0)= 1,(D(y))(0)= 1},y(x),series)
y(x)= 1+x+(1/6)*x^3+(1/12)*x^4+O(x^6)
```

【例 4.3.8】 在 $t=0$ 的领域内求解**贝塞尔（Bessel）方程**

$$x^2y''+xy'+(x^2-n^2)y=0,$$

其中 n 为非负实数.

解 令

$$y=c_0x^{\alpha}+c_1x^{\alpha+1}+\cdots+c_kx^{\alpha+k}+\cdots,c_0\neq0. \tag{4-3-10}$$

把它代入贝塞尔方程，得

$$x^2(\alpha(\alpha-1)c_0x^{\alpha-2}+(\alpha+1)\alpha c_1x^{\alpha-1}+\cdots+(\alpha+k)(\alpha+k-1)c_kx^{\alpha+k-2}+\cdots)$$

$$+x(\alpha c_0x^{\alpha-1}+(\alpha+1)c_1x^{\alpha}+\cdots+(\alpha+k)c_kx^{\alpha+k-1}+\cdots)$$

$$+(x^2-n^2)(c_0x^{\alpha}+c_1x^{\alpha+1}+\cdots+c_kx^{\alpha+k}+\cdots)\equiv0.$$

合并同类项，令各项系数为零，推出

$$\alpha(\alpha-1)c_0+\alpha c_0-n^2c_0=0,$$

$$(\alpha+1)\alpha c_1+(\alpha+1)c_1-n^2c_1=0,$$

$$(\alpha+k)(\alpha+k-1)c_k+(\alpha+k)c_k-n^2c_k+c_{k-2}=0,k\geqslant 2.$$

因为 $c_0\neq 0$，由第一个方程(称为**指标方程**)可得 α 的两个值，$\alpha=n$ 和 $\alpha=-n$.

当 $\alpha=n$ 时，有 $c_1=0,c_k=\dfrac{-1}{k(2n+k)}c_{k-2},k\geqslant 2$. 于是当 $m=1,2,\cdots$时，$c_{2m-1}=0$，且

$$c_2=\frac{-1}{4(n+1)}c_0,$$

$$c_4=\frac{1}{4^2(n+1)(n+2)\cdot 2!}c_0,$$

$$\vdots$$

$$c_{2m}=\frac{(-1)^m}{4^m(n+1)(n+2)\cdots(n+m)\cdot m!}c_0.$$

将它们代入式(4-3-10)有

$$y_1(x)=c_0\left(x^n+\sum_{m=1}^{\infty}\frac{(-1)^m x^{2m+n}}{4^m(n+1)(n+2)\cdots(n+m)\cdot m!}\right).$$

利用达朗贝尔判别法容易验证，它在整个 x 轴上有定义. 利用 Γ 函数的性质

$$\Gamma(m+1)=m!,\Gamma(n+m+1)=(n+m)\cdots(n+2)(n+1)\Gamma(n+1),$$

取常数 $c_0=\dfrac{1}{2^n\Gamma(n+1)}$，可得 ***n* 阶贝塞尔函数**：

$$y_1(x)=\sum_{m=0}^{\infty}\frac{(-1)^m}{\Gamma(n+m+1)\Gamma(m+1)}\left(\frac{x}{2}\right)^{2m+n}.$$

当 $\alpha=-n$ 时，如果 $2n$ 不等于任何整数，或 $2n$ 等于某个奇数时，我们可以类似地求得与 $y_1(x)$线性无关的另一解：

$$y_2(x)=\sum_{m=0}^{\infty}\frac{(-1)^m}{\Gamma(-n+m+1)\Gamma(m+1)}\left(\frac{x}{2}\right)^{2m-n}.$$

称之为**−*n* 阶贝塞尔函数**. 当 $2n$ 等于非零偶数时，不可能从上述递推公式得到与 $\alpha=-n$ 对应的级数解. 在这种情形，以及在 $n=0$ 的情形，需要另想办法求解.

习 题 4.3

1. 求解下列方程：

(1) $xx''+(x')^2=0$；　　(2) $xy'''=(1-x)y''$；

(3) $y'=xy''+(y'')^2$；

(4) $x^4y'''+2x^3y''-1=0$；

(5) $(y''')^2+(y'')^2-1=0$；

(6) $y(xy''+y')=x(y')^2(1-x)$；

(7) $yy'''+3yy''=0$；

(8) $xyy''-4x(y')^2+4yy'=0$；

(9) $yy''-(y')^2=y^2\ln y$；

(10) $2x\ddot{x}=1$.

2. 求下列欧拉方程的通解：

(1) $xy''+y'=0$；

(2) $x^2y'''=2y'$；

(3) $(x+1)^2y'''-12y'=0$；

(4) $x^2y''-2xy'+2y=x^2-2x+2$.

3. 求方程 $x''-tx'-x=0$ 的幂级数解.

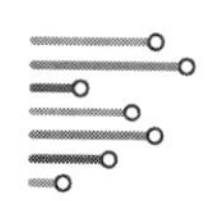

第5章 线性微分方程组

在许多科学的实际应用中很自然地会出现非线性微分方程的问题，通常采用线性化的方法将它们简化为线性微分方程的问题，这样往往可以获得比较简捷的解答. 本章主要介绍线性微分方程组的一般理论和常系数线性微分方程组的解法. 它们是微分方程实际应用的工具，也是理论分析的基础. 求解常系数线性微分方程组最初等的方法是消元法. 对于未知函数较少的微分方程组，采用消元法是比较简便的. 拉普拉斯变换在电路分析和工程控制理论中有广泛的应用，是许多工程师求解线性微分方程时常用的方法，这是因为它求解初值问题要比通常的方法快得多. 在分析力学中常用首次积分法求解一些特殊类型的微分方程，它是线性微分方程理论在非线性微分方程中的推广. 首次积分的一般理论与一阶偏微分方程的求解关系密切，但只在局部范围内成立.

5.1 线性微分方程组的一般理论

考虑标准形式的一阶线性微分方程组

$$\begin{cases}\dfrac{\mathrm{d}y_1(x)}{\mathrm{d}x}=a_{11}(x)y_1(x)+a_{12}(x)y_2(x)+\cdots+a_{1n}(x)y_n(x)+f_1(x),\\ \dfrac{\mathrm{d}y_2(x)}{\mathrm{d}x}=a_{21}(x)y_1(x)+a_{22}(x)y_2(x)+\cdots+a_{2n}(x)y_n(x)+f_2(x),\\ \qquad\qquad\cdots\cdots\\ \dfrac{\mathrm{d}y_n(x)}{\mathrm{d}x}=a_{n1}(x)y_1(x)+a_{n2}(x)y_2(x)+\cdots+a_{nn}(x)y_n(x)+f_n(x),\end{cases}$$

式中，函数 $a_{ij}(x),f_i(x),i,j=1,2,\cdots,n$ 在区间 I 上连续. 记 $\boldsymbol{A}(x)=(a_{ij}(x))_{n\times n}$，$\boldsymbol{y}(x)=(y_1(x),y_2(x),\cdots,y_n(x))^{\mathrm{T}}$，$\boldsymbol{f}(x)=(f_1(x),f_2(x),\cdots,f_n(x))^{\mathrm{T}}$，则该方程组可写为：

$$\boldsymbol{y}'(x)=\boldsymbol{A}(x)\boldsymbol{y}(x)+\boldsymbol{f}(x). \tag{5-1-1}$$

当 $\boldsymbol{f}(x)\neq 0$ 时，称式(5-1-1) 为**非齐次线性微分方程组**；其初值条件可写为

$$y_1(x_0)=y_{10},y_2(x_0)=y_{20},\cdots,y_n(x_0)=y_{n0}, \tag{5-1-2}$$

记作 $\boldsymbol{y}(x_0)=\boldsymbol{y}_0$，其中 $\boldsymbol{y}_0=(y_{10},y_{20},\cdots,y_{n0})^{\mathrm{T}}$. 当 $\boldsymbol{f}(x)=0$ 时，式(5-1-1) 变为

$$\boldsymbol{y}'(x)=\boldsymbol{A}(x)\boldsymbol{y}(x), \tag{5-1-3}$$

称为对应于式(5-1-1) 的**齐次线性微分方程组**. 记 $L[\boldsymbol{y}(x)]=\boldsymbol{y}'(x)$,则非齐次线性微分方程组和齐次线性微分方程组可分别表示为

$$L[\boldsymbol{y}(x)]=\boldsymbol{A}(x)\boldsymbol{y}(x)+\boldsymbol{f}(x),$$
$$L[\boldsymbol{y}(x)]=\boldsymbol{A}(x)\boldsymbol{y}(x).$$

像第 4 章一样，其中的算子 L 为线性算子. n 维向量 $\boldsymbol{y}(x)$的**范数**定义为：$\|\boldsymbol{y}(x)\|=\sum\limits_{i=1}^{n}|y_i(x)|$. 它满足范数的一般性质，比如正定性、对称性、非齐次性、三角不等式和 $\left\|\int_{x_0}^{x}\boldsymbol{f}(t)\mathrm{d}t\right\|\leqslant\left|\int_{x_0}^{x}\|\boldsymbol{f}(t)\|\mathrm{d}t\right|$. 在 n 维空间定义了范数后，我们就可以讨论其他常用的定义，如**按范数收敛**：如果对区间 I 上的任意 x，$\lim\limits_{n\to\infty}\|\boldsymbol{y}_n(x)-\boldsymbol{y}(x)\|=0$,则称 $\boldsymbol{y}_n(x)$在区间 I 上按范数收敛于 $\boldsymbol{y}(x)$. 如此，极限对区间 I 上的 x 为一致收敛的，则称 $\boldsymbol{y}_n(x)$ 在区间 I 上**按范数一致收敛**于 $\boldsymbol{y}(x)$. 易知，按范数的收敛性相当于各分量的收敛性. 如果对 n 维向量函数 $\boldsymbol{f}(x)$有 $\lim\limits_{n\to\infty}\|\boldsymbol{f}(x)-\boldsymbol{f}(x_0)\|=0$,则称 $\boldsymbol{f}(x)$在 x_0 **连续**. $\boldsymbol{f}(x)$在 x_0 的连续性相当于各分量在 x_0 的连续性.

如果令 $y=y_1,y'=y_2,y''=y_3,\cdots,y^{(n-1)}=y_n$，那么 n 阶微分方程

$$y^{(n)}=f(x,y,y',\cdots,y^{(n-1)}),$$

可以化为一阶微分方程组

$$y_1'=y_2,y_2'=y_3,\cdots,y_{n-1}'=y_n,y_n'=f(x,y,y',\cdots,y^{(n-1)}).$$

所以我们讨论一阶微分方程组. 下面的定理是本章的理论基础.

定理 5.1.1　存在唯一性定理　如果 $\boldsymbol{A}(x),\boldsymbol{f}(x)$在区间 I 连续，则对区间 I 上任意 x_0 以及任意给定的 $\boldsymbol{y}_0$，非齐次线性微分方程组(5-1-1) 满足初值条件 (5-1-2) 的解在区间 I 上存在且唯一.

这个定理的证明仍可用毕卡逐次逼近法，读者可以参阅相关文献. 它的结论与定理 3.1.1 的不同之处是它的解存在于整个区间 I 上. 由于我们总假设 $\boldsymbol{A}(x),\boldsymbol{f}(x)$在区间 I 上连续，因此方程组(5-1-1) 满足初值条件 (5-1-2) 的解总存在唯一. 以后不再特别说明. 我们先讨论齐次线性微分方程组(5-1-3) 的性质.

5.1.1　齐次线性微分方程组

定理 5.1.2　叠加原理　假设 $\boldsymbol{y}_i(x)=(y_{i1}(x),y_{i2}(x),\cdots,y_{in}(x))^{\mathrm{T}}(i=1,2)$为齐次线性微分方程组(5-1-3) 的解，则其线性组合 $c_1\boldsymbol{y}_1(x)+c_2\boldsymbol{y}_2(x)$也是方程组(5-1-3) 的解，其中 c_1,c_2 为任意常数.

证明　只要把表达式 $c_1\boldsymbol{y}_1(x)+c_2\boldsymbol{y}_2(x)$代入方程组(5-1-3) 即可证明.

记 $\mathbb{S}=\{\boldsymbol{y}(x)\,|\,\boldsymbol{y}'(x)=\boldsymbol{A}(x)\boldsymbol{y}(x),\boldsymbol{y}(x):I\to\mathbb{R}^n\}$，则定理 5.1.2 说明：$\mathbb{S}$ 是**线性空间**. 我们需要知道的问题是：$\mathbb{S}$ 的维数是多少和基是什么.

定义 5.1.1 假设 $\boldsymbol{y}_1(x),\boldsymbol{y}_2(x),\cdots,\boldsymbol{y}_m(x)$为定义在区间 I 上的 n 维向量组. 如果存在 m 个不全为零的常数 $c_i,i=1,2,\cdots,m$，使得 $c_1\boldsymbol{y}_1(x)+c_2\boldsymbol{y}_2(x)+\cdots+c_m\boldsymbol{y}_m(x)=\boldsymbol{0}$ 在区间 I 上成立，那么称它们在区间 I 上**线性相关**. 否则，称为**线性无关**.

注意 ① 此处向量组线性相关性的定义与 $\mathbb{R}^n$ 中向量组的线性相关性的定义有本质的区别. 如

$$\begin{pmatrix}1\\0\\\vdots\\0\end{pmatrix},\begin{pmatrix}x\\0\\\vdots\\0\end{pmatrix},\cdots,\begin{pmatrix}x^k\\0\\\vdots\\0\end{pmatrix}$$

在任何区间上都是线性无关的. 而固定一个 x_0 后，向量组

$$\begin{pmatrix}1\\0\\\vdots\\0\end{pmatrix},\begin{pmatrix}x_0\\0\\\vdots\\0\end{pmatrix},\cdots,\begin{pmatrix}x_0^k\\0\\\vdots\\0\end{pmatrix}$$

是数值向量组，它们线性相关.

对区间 I 上的 n 维向量组 $\boldsymbol{f}_i(x)=(f_{i1}(x),f_{i2}(x),\cdots,f_{in}(x))^{\mathrm{T}}(i=1,2,\cdots,n)$，称行列式

$$W(x)\triangleq W[\boldsymbol{f}_1(x),\boldsymbol{f}_2(x),\cdots,\boldsymbol{f}_n(x)]\triangleq\begin{vmatrix}f_{11}(x) & f_{21}(x) & & f_{n1}(x)\\ f_{12}(x) & f_{22}(x) & \cdots & f_{n2}(x)\\ \vdots & \vdots & & \vdots\\ f_{1n}(x) & f_{2n}(x) & & f_{nn}(x)\end{vmatrix}$$

为它们的**朗斯基行列式**.

定理 5.1.3 如果向量组 $\boldsymbol{f}_1(x),\boldsymbol{f}_2(x),\cdots,\boldsymbol{f}_n(x)$在区间 I 上线性相关，那么它们的朗斯基行列式 $W(x)=0,x\in I$.

证明 因为 $\boldsymbol{f}_1(x),\boldsymbol{f}_2(x),\cdots,\boldsymbol{f}_n(x)$在区间 I 上线性相关，所以存在不全为零的常数 $c_1,c_2,\cdots,c_n$，使得在区间 I 上成立：$c_1\boldsymbol{f}_1(x)+c_2\boldsymbol{f}_2(x)+\cdots+c_n\boldsymbol{f}_n(x)=\boldsymbol{0}$,即

$$\begin{cases}c_1f_{11}(x)+c_2f_{21}(x)+\cdots+c_nf_{n1}(x)=0,\\ c_1f_{12}(x)+c_2f_{22}(x)+\cdots+c_nf_{n2}(x)=0,\\ \qquad\qquad\cdots\cdots\\ c_1f_{1n}(x)+c_2f_{2n}(x)+\cdots+c_nf_{nn}(x)=0.\end{cases}$$

这是一个以 $c_1,c_2,\cdots,c_n$ 为未知量的齐次线性代数方程组，且它有非零解 $c_1,c_2,\cdots,$

c_n，故其系数行列式 $W(x)$ 为零. 且它是 $\boldsymbol{f}_1(x),\boldsymbol{f}_2(x),\cdots,\boldsymbol{f}_n(x)$ 的朗斯基行列式 $W(x)$，故 $W(x)=0, x\in I$.

推论 5.1.1　若 $\forall x\in I$ 都有 $W(x)\neq 0$，则 $\boldsymbol{f}_1(x),\boldsymbol{f}_2(x),\cdots,\boldsymbol{f}_n(x)$ 在区间 I 上线性无关.

注意　② 定理 5.1.3 的逆命题不真. 如 $\boldsymbol{f}_1(x)=(1,0,\cdots,0)^{\mathrm{T}},\boldsymbol{f}_2(x)=(x,0,\cdots,0)^{\mathrm{T}},\boldsymbol{f}_3(x)=(x^2,0,\cdots,0)^{\mathrm{T}}$ 在区间 I 上线性无关. 但

$$W[\boldsymbol{f}_1(x),\boldsymbol{f}_2(x),\boldsymbol{f}_3(x)]=\begin{vmatrix}1 & x & x^2\\ 0 & 0 & 0\\ 0 & 0 & 0\end{vmatrix}=0.$$

下面的讨论均基于函数向量为方程组(5-1-3)的解的情形.

定理 5.1.4　假设 $\boldsymbol{y}_1(x),\boldsymbol{y}_2(x),\cdots,\boldsymbol{y}_n(x)$ 是齐次线性微分方程组(5-1-3)的解. 如果 $\boldsymbol{y}_1(x),\boldsymbol{y}_2(x),\cdots,\boldsymbol{y}_n(x)$ 线性无关，则它们的朗斯基行列式不等于零，即 $W(x)\neq 0,\forall x\in I$.

证明　反证法. 设存在 $x_0\in I$，使得 $W(x_0)=0$. 由线性代数理论知，行列式 $W(x_0)$ 中的列向量组 $\boldsymbol{y}_1(x_0),\boldsymbol{y}_2(x_0),\cdots,\boldsymbol{y}_n(x_0)$ 线性相关. 于是，存在不全为零的常数 $\tilde{c}_1,\tilde{c}_2,\cdots,\tilde{c}_n$，使得 $\tilde{c}_1\boldsymbol{y}_1(x_0)+\tilde{c}_2\boldsymbol{y}_2(x_0)+\cdots+\tilde{c}_n\boldsymbol{y}_n(x_0)=\boldsymbol{0}$. 令 $\tilde{\boldsymbol{y}}(x)=\tilde{c}_1\boldsymbol{y}_1(x)+\tilde{c}_2\boldsymbol{y}_2(x)+\cdots+\tilde{c}_n\boldsymbol{y}_n(x)=\boldsymbol{0}$. 由定理 5.1.2 知 $\tilde{\boldsymbol{y}}(x)$ 为方程组(5-1-3)的解，且满足初值条件 $\boldsymbol{y}(x_0)=\boldsymbol{0}$. 又 $\boldsymbol{y}(x_0)=\boldsymbol{0}$ 也是方程组(5-1-3)的解，且满足相同的初值条件. 由初值问题解的唯一性，$\tilde{\boldsymbol{y}}(x)=\tilde{c}_1\boldsymbol{y}_1(x)+\tilde{c}_2\boldsymbol{y}_2(x)+\cdots+\tilde{c}_n\boldsymbol{y}_n(x)=\boldsymbol{0}$，$\forall x\in I$. 这与 $\boldsymbol{y}_1(x),\boldsymbol{y}_2(x),\cdots,\boldsymbol{y}_n(x)$ 线性无关相矛盾.

定理 5.1.5　齐次线性微分方程组(5-1-3)一定存在 n 个线性无关的解.

证明　由定理 5.1.1 知，齐次线性微分方程组(5-1-3)满足初值条件 $\boldsymbol{f}_i(x)=\boldsymbol{e}_i$ 的解存在唯一，记为 $\boldsymbol{f}_i(x), i=1,2,\cdots,n$. 其中 $\boldsymbol{e}_i$ 为第 i 个分量为 1，其余分量为零的 n 维单位向量. 这样就求得了齐次线性微分方程组(5-1-3)的 n 个解 $\boldsymbol{y}_1(x)$，$\boldsymbol{y}_2(x),\cdots,\boldsymbol{y}_n(x)$，且它们的朗斯基行列式为 1. 所以，$\boldsymbol{y}_1(x),\boldsymbol{y}_2(x),\cdots,\boldsymbol{y}_n(x)$ 为方程组(5-1-3)的 n 个线性无关的解.

定理 5.1.6　假设 $\boldsymbol{y}_1(x),\boldsymbol{y}_2(x),\cdots,\boldsymbol{y}_n(x)$ 为齐次线性微分方程组(5-1-3)的任意 n 个解，则它们的朗斯基行列式 $W(x)\equiv W[\boldsymbol{y}_1(x),\boldsymbol{y}_2(x),\cdots,\boldsymbol{y}_n(x)]$ 满足 $W'(x)=\mathrm{tr}A(x)W(x)$，即

$$W(x)=W(x_0)\mathrm{e}^{\int_{x_0}^{x}\mathrm{tr}\boldsymbol{A}(s)\mathrm{d}s}, \forall x,x_0\in I, \tag{5-1-4}$$

其中 $\mathrm{tr}\boldsymbol{A}(x)=a_{11}(x)+a_{22}(x)+\cdots+a_{nn}(x)$ 为系数矩阵 $\boldsymbol{A}(x)$ 的迹.

证明

$$\frac{\mathrm{d}W}{\mathrm{d}x}=\frac{\mathrm{d}}{\mathrm{d}x}\begin{vmatrix} y_{11}(x) & y_{12}(x) & \cdots & y_{1n}(x) \\ y_{21}(x) & y_{21}(x) & \cdots & y_{2n}(x) \\ \vdots & \vdots & \vdots & \vdots \\ y_{n1}(x) & y_{n1}(x) & \cdots & y_{nn}(x) \end{vmatrix}$$

$$=\sum_{i=1}^{n}\begin{vmatrix} y_{11}(x) & y_{12}(x) & \cdots & y_{1n}(x) \\ \vdots & \vdots & \vdots & \vdots \\ \frac{\mathrm{d}}{\mathrm{d}x}y_{i1}(x) & \frac{\mathrm{d}}{\mathrm{d}x}y_{i2}(x) & \cdots & \frac{\mathrm{d}}{\mathrm{d}x}y_{in}(x) \\ \vdots & \vdots & \vdots & \vdots \\ y_{n1}(x) & y_{n2}(x) & \cdots & y_{nn}(x) \end{vmatrix}=\sum_{i=1}^{n}a_{ii}(x)W=\mathrm{tr}\boldsymbol{A}(x)W.$$

称式(5-1-4)为**刘维尔(Liouville)公式**. 它的一个意义是：求齐次线性微分方程组解的朗斯基行列式时，并不需要知道解的具体表达式. 它也说明齐次线性微分方程组的 n 个解在某一点 x_0 处的线性相关性决定了其在整个区间 I 上的线性相关性.

定理 5.1.7 **通解结构定理** 假设 $\boldsymbol{y}_1(x),\boldsymbol{y}_2(x),\cdots,\boldsymbol{y}_n(x)$为方程组(5-1-3)的 n 个线性无关解，则含 n 个任意常数 $c_1,c_2,\cdots,c_n$ 的表达式

$$\boldsymbol{y}(x)=c_1\boldsymbol{y}_1(x)+c_2\boldsymbol{y}_2(x)+\cdots+c_n\boldsymbol{y}_n(x) \tag{5-1-5}$$

为方程组(5-1-3)的通解，它包括方程组(5-1-3)的所有解，即对任意常数 $c_1,c_2,\cdots,c_n$，式(5-1-5)都是方程组(5-1-3)的解. 反之，方程组(5-1-3)的任意解 $\boldsymbol{y}(x)$ 均可表示为式(5-1-5).

证明 因 $\boldsymbol{y}_1(x),\boldsymbol{y}_2(x),\cdots,\boldsymbol{y}_n(x)$为方程组(5-1-3)的 n 个线性无关解和定理 5.1.2 知，式(5-1-5)为方程组(5-1-3)的通解. 再由定理 5.1.6 知，其朗斯基行列式 $W(x)$在每一点均不为零，即 $W(x_0)\neq 0, \forall x_0\in I$. 由此可知，行列式 $W(x_0)$的列向量 $\boldsymbol{y}_1(x_0),\boldsymbol{y}_2(x_0),\cdots,\boldsymbol{y}_n(x_0)$线性无关.

设 $\boldsymbol{y}(x)$是方程组(5-1-3)的任意一个解，初值条件 $\boldsymbol{y}_0=\boldsymbol{y}(x_0)$，其可由 $\boldsymbol{y}_1(x_0),\boldsymbol{y}_2(x_0),\cdots,\boldsymbol{y}_n(x_0)$的线性组合表示，即存在常数 $c_1,c_2,\cdots,c_n$，使得

$$\boldsymbol{y}(x_0)\triangleq c_1\boldsymbol{y}_1(x_0)+c_2\boldsymbol{y}_2(x_0)+\cdots+c_n\boldsymbol{y}_n(x_0).$$

令 $\tilde{\boldsymbol{y}}(x)\triangleq c_1\boldsymbol{y}_1(x)+c_2\boldsymbol{y}_2(x)+\cdots+c_n\boldsymbol{y}_n(x)$. 则由定理 5.1.2 知，$\tilde{\boldsymbol{y}}(x)$是方程组(5-1-3)的解且满足 $\boldsymbol{y}_0=\boldsymbol{y}(x_0)$，即 $\tilde{\boldsymbol{y}}(x_0)=\boldsymbol{y}_0$. 由定理 5.1.1 知，$\boldsymbol{y}(x)\equiv\tilde{\boldsymbol{y}}(x)$，即 $\boldsymbol{y}(x)=\sum_{i=1}^{n}c_i\boldsymbol{y}_i(x)$.

由上面的讨论知，**齐次线性微分方程组(5-1-3)的解集合 $\mathbb{S}$ 是一个 n 维线性空间.**

定义 5.1.2 齐次线性微分方程组(5-1-3)的 n 个线性无关解称为一个**基本**

解组，以方程组(5-1-3)的 n 个解 $\boldsymbol{y}_1(x),\boldsymbol{y}_2(x),\cdots,\boldsymbol{y}_n(x)$ 为列构成的矩阵称为**解矩阵**. 以基本解组为列构成的解矩阵 $\boldsymbol{\Phi}(x)=(\boldsymbol{y}_1(x),\boldsymbol{y}_2(x),\cdots,\boldsymbol{y}_n(x))$ 称为**基解矩阵**. 特别地，称 $\boldsymbol{\Phi}(x_0)=\boldsymbol{I}(x_0\in\mathbb{R}^n,\boldsymbol{I}$ 为单位矩阵）的基解矩阵为**标准（基）解矩阵**.

由上面的讨论可得如下结论.

定理 5.1.8　齐次线性微分方程组(5-1-3)一定存在基解矩阵 $\boldsymbol{\Phi}(x)$. 如果 $\boldsymbol{\psi}(x)$ 是方程组(5-1-3)的解，则有 $\boldsymbol{\psi}(x)=\boldsymbol{\Phi}(x)\boldsymbol{c}$，其中 $\boldsymbol{c}$ 为 n 维常向量.

定理 5.1.9　齐次线性微分方程组(5-1-3)的一个解矩阵 $\boldsymbol{\Phi}(x)$ 是基解矩阵的充要条件是

$$\det\boldsymbol{\Phi}(x)\neq 0(x\in I).$$

推论 5.1.2　假设 $\boldsymbol{\Phi}(x)$ 是齐次线性微分方程组(5-1-3)的一个基解矩阵，$\boldsymbol{C}$ 是 $n\times n$ 非奇异常数矩阵，则 $\boldsymbol{\Phi}(x)\boldsymbol{C}$ 也是方程组(5-1-3)的一个基解矩阵.

【例 5.1.1】　试求微分方程组

$$\boldsymbol{y}'=\begin{pmatrix}1 & 1\\ 0 & \dfrac{1}{x}\end{pmatrix}\boldsymbol{y},\boldsymbol{y}=\begin{pmatrix}y_1\\ y_2\end{pmatrix} \tag{5-1-6}$$

的一个基解矩阵，并求出它的通解.

解　当 $x=0$ 时系数矩阵 $\boldsymbol{A}(x)$ 无定义. 将方程组写为分量形式

$$\begin{cases}y_1'=y_1+y_2,\\ y_2'=\dfrac{y_2}{x}.\end{cases}$$

由第二式求得 $y_2=c_2x$，其中 c_2 为任意常数. 代入第一式得 $y_1'=y_1+c_2x$，它是一阶线性方程，可求得 $y_1=c_1\mathrm{e}^x-c_2(x+1)$. 所以，方程组(5-1-6)的通解是

$$\begin{pmatrix}y_1\\ y_2\end{pmatrix}=c_1\begin{pmatrix}\mathrm{e}^x\\ 0\end{pmatrix}+c_2\begin{pmatrix}-(x+1)\\ x\end{pmatrix},x\neq 0.$$

其中 c_1，c_2 是任意常数. 于是，方程组(5-1-6)的一个基解矩阵为

$$\boldsymbol{\Phi}(x)=\begin{pmatrix}\mathrm{e}^x & -(x+1)\\ 0 & x\end{pmatrix},x\neq 0.$$

注意　③ 容易求得上例基解矩阵的朗斯基行列式 $\det\boldsymbol{\Phi}(x)=x\mathrm{e}^x$，它在 $x=0$ 有定义，且 $\det\boldsymbol{\Phi}(0)=0$. 这与 **Liouville** 公式的结论并不矛盾，因为系数矩阵 $\boldsymbol{A}(x)$ 在 $x=0$ 无定义.

5.1.2　非齐次线性微分方程组

定理 5.1.10　如果 $\boldsymbol{\varphi}(x)$ 是齐次线性微分方程组(5-1-3)的解，$\bar{\boldsymbol{\psi}}(x)$ 是非齐

次线性微分方程组(5-1-1)的解，则 $\boldsymbol{\varphi}(x)+\bar{\boldsymbol{\psi}}(x)$ 也是非齐次线性微分方程组(5-1-1)的解.

证明 事实上，$L[\boldsymbol{\varphi}(x)]=\boldsymbol{A}(x)\boldsymbol{\varphi}(x)$，$L[\bar{\boldsymbol{\psi}}(x)]=\boldsymbol{A}(x)\boldsymbol{\varphi}(x)+\boldsymbol{f}(x)$，从而
$L[\boldsymbol{\varphi}(x)+\bar{\boldsymbol{\psi}}(x)]=L[\boldsymbol{\varphi}(x)]+L[\bar{\boldsymbol{\psi}}(x)]=\boldsymbol{A}(x)[\boldsymbol{\varphi}(x)+\bar{\boldsymbol{\psi}}(x)]+\boldsymbol{f}(x)$.

定理 5.1.11 如果 $\bar{\boldsymbol{\varphi}}(x)$ 和 $\tilde{\boldsymbol{\varphi}}(x)$ 是方程组(5-1-1)的两个解，则 $\bar{\boldsymbol{\varphi}}(x)-\tilde{\boldsymbol{\varphi}}(x)$ 是方程组(5-1-3)的解.

证明 事实上，$L[\bar{\boldsymbol{\varphi}}(x)]=\boldsymbol{A}(x)\bar{\boldsymbol{\varphi}}(x)+\boldsymbol{f}(x)$，$L[\tilde{\boldsymbol{\varphi}}(x)]=\boldsymbol{A}(x)\tilde{\boldsymbol{\varphi}}(x)+\boldsymbol{f}(x)$. 从而，

$$L[\bar{\boldsymbol{\varphi}}(x)-\tilde{\boldsymbol{\varphi}}(x)]=L[\bar{\boldsymbol{\varphi}}(x)]-L[\tilde{\boldsymbol{\varphi}}(x)]=\boldsymbol{A}(x)[\bar{\boldsymbol{\varphi}}(x)-\tilde{\boldsymbol{\varphi}}(x)]=0.$$

定理 5.1.12 设 $\boldsymbol{\Phi}(x)$ 是方程组(5-1-3)的基解矩阵，$\tilde{\boldsymbol{\varphi}}(x)$ 是方程组(5-1-1)的一个特解，则方程组(5-1-1)的任意一个解 $\bar{\boldsymbol{\varphi}}(x)$ 都可表示为 $\bar{\boldsymbol{\varphi}}(x)=\boldsymbol{\Phi}(x)\boldsymbol{c}+\tilde{\boldsymbol{\varphi}}(x)$，其中 $\boldsymbol{c}$ 是一常数列向量.

证明 因为 $\bar{\boldsymbol{\varphi}}(x)-\tilde{\boldsymbol{\varphi}}(x)$ 是方程组(5-1-3)的解，所以存在常数向量 $\boldsymbol{c}$，使得 $\bar{\boldsymbol{\varphi}}(x)-\tilde{\boldsymbol{\varphi}}(x)=\boldsymbol{\Phi}(x)\boldsymbol{c}$. 移项即得证.

注意 ④ 上面的定理给出了非齐次线性微分方程组的**通解结构**：

非齐次线性微分方程组的通解为对应齐次线性微分方程组的通解与其本身一个特解之和.

设方程组(5-1-3)有基解矩阵 $\boldsymbol{\Phi}(x)$，则其通解为 $\boldsymbol{\Phi}(x)\boldsymbol{c}$，其中 $\boldsymbol{c}$ 为任意常数列向量. 下面介绍由 $\boldsymbol{\Phi}(x)$ 求方程组(5-1-1)特解的**常数变易法**：欲寻求方程组(5-1-1)的形如

$$\boldsymbol{\varphi}(x)=\boldsymbol{\Phi}(x)\boldsymbol{c}(x) \tag{5-1-7}$$

的解，其中 $\boldsymbol{c}(x)$ 是待定的函数向量. 将式(5-1-7)代入非齐次线性微分方程组(5-1-1)，得

$$\begin{aligned}\boldsymbol{\varphi}'(x)&=\boldsymbol{\Phi}'(x)\boldsymbol{c}(x)+\boldsymbol{\Phi}(x)\boldsymbol{c}'(x)\\&=\boldsymbol{A}(x)\boldsymbol{\Phi}(x)\boldsymbol{c}(x)+\boldsymbol{\Phi}(x)\boldsymbol{c}'(x)\\&=\boldsymbol{A}(x)\boldsymbol{\Phi}(x)\boldsymbol{c}(x)+\boldsymbol{f}(x).\end{aligned}$$

从而 $\boldsymbol{\Phi}(x)\boldsymbol{c}'(x)=\boldsymbol{f}(x)$，由此求得 $\boldsymbol{c}(x)=\int\boldsymbol{\Phi}^{-1}(x)\boldsymbol{f}(x)\mathrm{d}x$，代入方程组(5-1-1)，得方程组(5-1-1)的一个特解

$$\tilde{\boldsymbol{\varphi}}(x)=\boldsymbol{\Phi}(x)\int\boldsymbol{\Phi}^{-1}(x)\boldsymbol{f}(x)\mathrm{d}x.$$

于是，我们证明了如下定理.

定理 5.1.13 设 $\boldsymbol{\Phi}(x)$ 为方程组(5-1-3)的一个基解矩阵，则非齐次线性微分方程组(5-1-1)在区间 I 上的**通解**为

$$\boldsymbol{y}(x)=\boldsymbol{\Phi}(x)\left(\boldsymbol{c}+\int\boldsymbol{\Phi}^{-1}(x)\boldsymbol{f}(x)\mathrm{d}x\right),$$

式中，$\boldsymbol{c}$ 是任意的 n 维常数列向量，而且方程组(5-1-1) 满足初值条件 $\boldsymbol{y}(x_0)=\boldsymbol{y}_0$ 的特解可以表示为

$$\boldsymbol{y}(x)=\boldsymbol{\Phi}(x)\boldsymbol{\Phi}^{-1}(x_0)\boldsymbol{y}_0+\boldsymbol{\Phi}(x)\int_{x_0}^{x}\boldsymbol{\Phi}^{-1}(s)\boldsymbol{f}(s)\mathrm{d}s,$$

其中 $x_0\in I$.

【例 5.1.2】 求解方程组

$$\boldsymbol{y}'=\begin{pmatrix}1 & 1\\ 0 & \dfrac{1}{x}\end{pmatrix}\boldsymbol{y}+\boldsymbol{f}(x),\boldsymbol{y}=\begin{pmatrix}y_1\\ y_2\end{pmatrix},\boldsymbol{f}(x)=\begin{pmatrix}x\mathrm{e}^x\\ x\end{pmatrix}.$$

解　从例 5.1.1 知道

$$\boldsymbol{\Phi}(x)=\begin{pmatrix}\mathrm{e}^x & -(x+1)\\ 0 & x\end{pmatrix},x\neq 0$$

为对应齐次线性微分方程组的基解矩阵. 于是，其通解为

$$\boldsymbol{y}=\boldsymbol{\Phi}(x)\boldsymbol{c}+\boldsymbol{\Phi}(x)\int\boldsymbol{\Phi}^{-1}(x)\boldsymbol{f}(x)\mathrm{d}x,$$

式中，$\boldsymbol{c}$ 为任意常数向量. 容易求得

$$\boldsymbol{\Phi}^{-1}(x)=\frac{1}{x\mathrm{e}^x}\begin{pmatrix}x & x+1\\ 0 & \mathrm{e}^x\end{pmatrix},$$

$$\boldsymbol{\Phi}^{-1}(x)\boldsymbol{f}(x)=\frac{1}{x\mathrm{e}^x}\begin{pmatrix}x & x+1\\ 0 & \mathrm{e}^x\end{pmatrix}\begin{pmatrix}x\mathrm{e}^x\\ x\end{pmatrix}=\begin{pmatrix}x+(x+1)\mathrm{e}^{-x}\\ 1\end{pmatrix},$$

$$\int\boldsymbol{\Phi}^{-1}(x)\boldsymbol{f}(x)\mathrm{d}x=\begin{pmatrix}\dfrac{1}{2}x^2-(x+2)\mathrm{e}^{-x}\\ x\end{pmatrix},$$

$$\boldsymbol{\Phi}(x)\int\boldsymbol{\Phi}^{-1}(x)\boldsymbol{f}(x)\mathrm{d}x=\begin{pmatrix}\dfrac{1}{2}x^2\mathrm{e}^x-x^2-2x-2\\ x^2\end{pmatrix}.$$

从而，通解为

$$\boldsymbol{y}(x)=c_1\begin{pmatrix}\mathrm{e}^x\\ 0\end{pmatrix}+c_2\begin{pmatrix}-(x+1)\\ x\end{pmatrix}+\begin{pmatrix}\dfrac{1}{2}x^2\mathrm{e}^x-x^2-2x-2\\ x^2\end{pmatrix},$$

式中，$x\neq 0,c_1,c_2$ 是任意常数向量.

本题亦可以写成分量形式，通过求解一阶线性方程求出通解.

习　题　5.1

1. 给定方程组

$$\boldsymbol{x}'=\begin{pmatrix}0 & 1\\ -1 & 0\end{pmatrix}\boldsymbol{x},\boldsymbol{x}=\begin{pmatrix}x_1\\ x_2\end{pmatrix}.\tag{A}$$

(1) 试验证 $\boldsymbol{u}(t)=\begin{pmatrix}\cos t\\-\sin t\end{pmatrix},\boldsymbol{v}(t)=\begin{pmatrix}\sin t\\\cos t\end{pmatrix}$分别是方程组(A)的满足初值条件 $\boldsymbol{u}(t)=\begin{pmatrix}1\\0\end{pmatrix},\boldsymbol{v}(t)=\begin{pmatrix}0\\1\end{pmatrix}$的解；

(2) 试验证 $\boldsymbol{w}(t)=c_1\boldsymbol{u}(t)+c_2\boldsymbol{v}(t)$是方程组(A)的满足初值条件 $\boldsymbol{w}(t)=\begin{pmatrix}c_1\\c_2\end{pmatrix}$的解，其中 c_1,c_2 是任意常数.

2. 将下列方程化成一阶方程组：

(1) $\ddot{x}+f(t)\dot{x}+g(t)x=0$；

(2) $m\ddot{x}+c\dot{x}+kx=f(t)$；

(3) $y'''+a_1(x)y''+a_2(x)y'+a_3(x)y=0$.

3. 试验证矩阵

$$\boldsymbol{\Phi}(x)=\begin{pmatrix}x & 1\\2 & \dfrac{1}{x}\end{pmatrix}$$

是一阶齐次线性微分方程组

$$\boldsymbol{y}'=\begin{pmatrix}-\dfrac{1}{x} & 1\\-\dfrac{2}{x^2} & \dfrac{1}{x}\end{pmatrix}\boldsymbol{y},\boldsymbol{y}=\begin{pmatrix}y_1\\y_2\end{pmatrix}$$

的在不包含原点的区间上的基解矩阵.

4. 设 $\boldsymbol{\Phi}(t)$为方程组 $\dot{\boldsymbol{x}}=\boldsymbol{A}\boldsymbol{x}$ ($\boldsymbol{A}$ 为 n 阶常数矩阵) 的标准基解矩阵，即 $\boldsymbol{\Phi}(0)=\boldsymbol{I}$. 试证明：

$$\boldsymbol{\Phi}(t)\boldsymbol{\Phi}^{-1}(t_0)=\boldsymbol{\Phi}(t-t_0)\ (t_0\text{ 为某一值}).$$

5. 试求如下初值问题的解

$$\begin{cases}\boldsymbol{y}'=\begin{pmatrix}-1\\-3\end{pmatrix}\boldsymbol{y}+\begin{pmatrix}e^x\\2e^x\end{pmatrix},\\\boldsymbol{y}(0)=\begin{pmatrix}1\\1\end{pmatrix}.\end{cases}$$

5.2 常系数线性微分方程组的解法

本节讨论常系数非齐次线性微分方程组

$$\boldsymbol{y}'=\boldsymbol{A}\boldsymbol{y}+\boldsymbol{f}(x),\tag{5-2-1}$$

式中，$\boldsymbol{A}$ 为 $n\times n$ 常数矩阵，$\boldsymbol{f}(x)$在区间 I 上连续. 与其相应的齐次线性微分方程组为

$$y'=Ay. \tag{5-2-2}$$

由线性微分方程组的通解结构定理知道，非齐次线性微分方程组(5-2-1)求解的关键是要求齐次线性微分方程组(5-2-2)的基解矩阵.

下面讨论齐次线性微分方程组(5-2-2)基解矩阵$\boldsymbol{\Phi}(x)$的求法. 受一阶齐次线性微分方程通解形式的启发，我们假设齐次线性微分方程组(5-2-2)的通解形式为$\boldsymbol{y}(x)=\mathrm{e}^{\boldsymbol{A}x}\boldsymbol{c}$. 这就要解决$\mathrm{e}^{\boldsymbol{A}x}$是什么以及怎么求解的问题. 在微积分中，我们有$\mathrm{e}^x=\sum_{k=0}^{\infty}\frac{x^k}{k!}$. 因而利用它来定义$\mathrm{e}^{\boldsymbol{A}x}$是自然的想法.

5.2.1　矩阵指数函数

假设$\boldsymbol{A}=(a_{ij})_{n\times n}$为$n\times n$矩阵.

定义 5.2.1　对于n阶方阵$\boldsymbol{A}$，定义其指数函数为

$$\mathrm{e}^{\boldsymbol{A}x}=\boldsymbol{I}+\boldsymbol{A}x+\frac{x^2}{2!}\boldsymbol{A}^2+\cdots+\frac{x^k}{k!}\boldsymbol{A}^k+\cdots,$$

简称**矩阵指数**，记为$\mathrm{e}^{\boldsymbol{A}x}$，其中$\boldsymbol{I}$为$n$阶单位阵. 下面我们要研究此级数的分析性质，并证明其确实可以用于表示齐次线性微分方程组(5-2-2)的通解.

5.2.2　矩阵范数

在$\mathbb{R}^n$中，$\boldsymbol{y}\in\mathbb{R}^n$的范数定义为$\|\boldsymbol{y}\|=\|(y_1,y_2,\cdots,y_n)^{\mathrm{T}}\|\triangleq\sqrt{\sum_{k=1}^{n}y_i^2}$. 为方便起见，可以选取$n$阶方阵$\boldsymbol{A}$的范数为$\|\boldsymbol{A}\|\triangleq\sum_{i,j=1}^{n}|a_{ij}|$，或$\|\boldsymbol{A}\|\triangleq\sqrt{\sum_{i=1}^{n}\sum_{j=1}^{n}|a_{ij}^2|}$等，它们互相等价. 对$\forall\alpha\in\mathbb{R}$和另一$n$阶方阵$\boldsymbol{B}$，我们不加证明地引入如下性质：

① $\|\boldsymbol{A}\|\geqslant 0$，$\|\boldsymbol{A}\|=0$，当且仅当$\boldsymbol{A}$为零矩阵；

② $\|\alpha\boldsymbol{A}\|=|\alpha|\cdot\|\boldsymbol{A}\|$；

③ 三角不等式：$\|\boldsymbol{A}+\boldsymbol{B}\|\leqslant\|\boldsymbol{A}\|+\|\boldsymbol{B}\|$；

④ $\|\boldsymbol{A}\boldsymbol{y}\|=\|\boldsymbol{A}\|\|\boldsymbol{y}\|$；

⑤ $\|\boldsymbol{A}\boldsymbol{B}\|=\|\boldsymbol{A}\|\|\boldsymbol{B}\|$；

⑥ $\|\boldsymbol{A}\|=\|\boldsymbol{A}^{\mathrm{T}}\|$；

⑦ $\max\limits_{1\leqslant i,j\leqslant n}|a_{ij}|\leqslant\|\boldsymbol{A}\|\leqslant n(\max\limits_{1\leqslant i,j\leqslant n}|a_{ij}|)$.

5.2.3　e^{Ax}的适定性、连续可导性

在范数概念的基础上，我们考虑级数$\sum_{k=0}^{\infty}\frac{\boldsymbol{A}^k x^k}{k!}$的收敛性质. 由$\left\|\sum_{k=0}^{\infty}\frac{\boldsymbol{A}^k x^k}{k!}\right\|\leqslant$

$\dfrac{|x|^k \cdot \|A\|^k}{k!}$ 和性质⑦可知级数 $\sum_{k=0}^{\infty} \dfrac{A^k x^k}{k!}$ 在$(-\infty,+\infty)$上内必一致收敛. 又因它的一般项是连续的，因而该级数是一个连续函数. 进一步考虑逐项求导后的级数，同样由上面的不等式可知其一致收敛性，从而该级数可以求导，即：

$$\begin{aligned}\frac{\mathrm{d}}{\mathrm{d}x}\mathrm{e}^{Ax} &= \frac{\mathrm{d}}{\mathrm{d}x}\left(I + Ax + \frac{x^2}{2!}A^2 + \cdots + \frac{x^k}{k!}A^k + \cdots\right) \\ &= \left(A + A^2 x + \frac{A^3}{2!}x^2 + \cdots + \frac{A^{k+1}}{k!}x^k + \cdots\right) = \mathrm{e}^{Ax}A = A\mathrm{e}^{Ax}.\end{aligned}$$

总之，e^{Ax} 在$(-\infty,+\infty)$上是一个确定的连续且无限次可导的矩阵值函数.

一般来说，我们求得的基解矩阵 $\boldsymbol{\Phi}(x)$不一定是标准基解矩阵. 注意到 $\boldsymbol{\Phi}(0)=I$，其中 I 表示单位矩阵. 从而有定理 5.2.1 要求的条件.

5.2.4 齐次线性微分方程组的通解

定理 5.2.1 假设 $\boldsymbol{\Phi}(x)$和 e^{Ax} 分别为齐次线性微分方程组(5-2-2) 的基解矩阵和标准解矩阵，且 $\boldsymbol{\Phi}(0)=I$. 则齐次线性微分方程组(5-2-2) 的通解为 $\mathrm{e}^{Ax}\boldsymbol{c}$ （其中 $\boldsymbol{c}\in\mathbb{R}^n$ 为任意常数列向量），且

$$\mathrm{e}^{Ax}=\boldsymbol{\Phi}(x)\boldsymbol{\Phi}^{-1}(0).$$

证明 因为

$$\frac{\mathrm{d}}{\mathrm{d}x}(\mathrm{e}^{Ax}\boldsymbol{c})=\frac{\mathrm{d}}{\mathrm{d}x}(\mathrm{e}^{Ax})\boldsymbol{c}=A(\mathrm{e}^{Ax}\boldsymbol{c}),$$

所以 $\mathrm{e}^{Ax}\boldsymbol{c}$ 为方程组(5-2-2) 的通解. 由于 e^{Ax} 和 $\boldsymbol{\Phi}(x)$都是方程组(5-2-2) 的基解矩阵，由推论 5.1.2 知道，存在非奇异常数矩阵 C，使得

$$\mathrm{e}^{Ax}=\boldsymbol{\Phi}(x)C.$$

令 $x=0$，则有 $C=\boldsymbol{\Phi}^{-1}(0)$. 把它代入上式中即得结论.

矩阵指数还有如下一些性质：

① 如果 A 与 B 可交换，则 $A\mathrm{e}^{B}=\mathrm{e}^{B}A$，特别地，$A\mathrm{e}^{A}=\mathrm{e}^{A}A$；

② 如果 A 与 B 可交换，则 $\mathrm{e}^{(A+B)}=\mathrm{e}^{A}\mathrm{e}^{B}$；

③ $\mathrm{e}^{A(t+s)}=\mathrm{e}^{At}\mathrm{e}^{As}$；

④ $(\mathrm{e}^{A})^{-1}=\mathrm{e}^{-A}$；

⑤ 若 T 是一个非奇异矩阵，则 $\mathrm{e}^{T^{-1}AT}=T^{-1}\mathrm{e}^{A}T$.

5.2.5 非齐次线性微分方程组的通解及常数变易公式

对常系数非齐次线性微分方程组(5-2-1)，我们有如下定理.

定理 5.2.2 设 $\boldsymbol{f}(x)$是区间 I 上的连续向量值函数，$x_0\in I$，$\boldsymbol{y}_0\in\mathbb{R}^n$，则非齐次线性微分方程组(5-2-1) 的初值问题

$$\boldsymbol{y}'=\boldsymbol{A}\boldsymbol{y}+\boldsymbol{f}(x),\boldsymbol{y}(x_0)=\boldsymbol{y}_0 \tag{5-2-3}$$

的解为

$$\boldsymbol{y}(x)=\mathrm{e}^{\boldsymbol{A}(x-x_0)}\boldsymbol{y}_0+\int_{x_0}^{x}\mathrm{e}^{\boldsymbol{A}(x-s)}\boldsymbol{f}(s)\mathrm{d}s. \tag{5-2-4}$$

证明　我们用常数变易法来推导这一公式. 设初值问题（5-2-3）的解为 $\boldsymbol{y}(x)=\mathrm{e}^{\boldsymbol{A}x}\boldsymbol{c}(x)$. 将其代入方程组(5-2-1）得 $\mathrm{e}^{\boldsymbol{A}x}\boldsymbol{c}'(x)=\boldsymbol{f}(x)$. 从而，$\boldsymbol{c}(x)=\int_{x_0}^{x}\mathrm{e}^{-\boldsymbol{A}s}\boldsymbol{f}(s)\mathrm{d}s+\tilde{\boldsymbol{c}}$，其中 $\tilde{\boldsymbol{c}}\in\mathbb{R}^n$ 为任意常数向量. 则有

$$\boldsymbol{y}(x)=\mathrm{e}^{\boldsymbol{A}x}\tilde{\boldsymbol{c}}+\int_{x_0}^{x}\mathrm{e}^{\boldsymbol{A}(x-s)}\boldsymbol{f}(s)\mathrm{d}s.$$

代入初值得 $\tilde{\boldsymbol{c}}=\mathrm{e}^{-\boldsymbol{A}x_0}\boldsymbol{y}_0$，从而可得式(5-2-4).

5.2.6　e^{Ax} 的计算

因为齐次线性微分方程(5-2-2）的通解形式为 $\mathrm{e}^{\boldsymbol{A}x}\boldsymbol{c}$，所以对其求解的关键是计算 $\mathrm{e}^{\boldsymbol{A}x}$. 计算 $\mathrm{e}^{\boldsymbol{A}x}$ 有多种方法，但是一般来说，这些计算都比较复杂. 适合笔算的是低阶的和一些特殊的高阶情形. 幸运的是计算机技术已经相当发达，这些计算可以由计算机完成. 下面我们介绍计算 $\mathrm{e}^{\boldsymbol{A}x}$ 的方法.

类似于 4.2 节，我们试图寻求齐次线性微分方程组(5-2-2）的形如 $\boldsymbol{\varphi}(x)=\mathrm{e}^{\lambda x}\boldsymbol{v}$ ($\boldsymbol{v}\neq 0$)的解，其中常数 λ 和向量 $\boldsymbol{v}$ 待定. 为此，把 $\mathrm{e}^{\lambda x}\boldsymbol{v}$ 代入方程组(5-2-2)，得 $\lambda\mathrm{e}^{\lambda x}\boldsymbol{v}=\boldsymbol{A}\mathrm{e}^{\lambda x}\boldsymbol{v}$，因为 $\mathrm{e}^{\lambda x}\neq 0$，所以

$$(\lambda\boldsymbol{I}-\boldsymbol{A})\boldsymbol{v}=0. \tag{5-2-5}$$

这表示 $\mathrm{e}^{\lambda x}\boldsymbol{v}$ 是方程组(5-2-2）的解的充要条件为常数 λ 和向量 $\boldsymbol{v}$ 满足方程(5-2-5). 它可以看作是以向量 $\boldsymbol{v}$ 的 n 个分量为未知量的代数方程组. 这个方程有非零解的充要条件是参数 λ 满足方程

$$\det(\lambda\boldsymbol{I}-\boldsymbol{A})=0. \tag{5-2-6}$$

对 n 阶常数矩阵 $\boldsymbol{A}$ 来说，使方程(5-2-5）具有非零解的常数 λ 称为**矩阵 $\boldsymbol{A}$ 的特征值**，方程(5-2-5）中非零向量 $\boldsymbol{v}$ 称为对应于特征值 λ 的**特征向量**. n 次多项式 $p(\lambda)\triangleq\det(\lambda\boldsymbol{I}-\boldsymbol{A})$称为矩阵 $\boldsymbol{A}$ 的**特征多项式**. 相应的方程 $p(\lambda)=0$ 称为矩阵 $\boldsymbol{A}$ 的**特征方程**，也称为方程(5-2-2）的特征方程.

至此，常系数线性微分方程组的求解问题已从实质上转变为关于矩阵特征值的代数问题.

（1）通过求解微分方程组计算

既然 $\mathrm{e}^{\boldsymbol{A}x}$ 是齐次线性微分方程组(5-2-2）的解，我们可以通过直接求解该方程组来得到它.

【例 5.2.1】　设 $\boldsymbol{A}=\begin{pmatrix}1 & 5\\ 2 & 4\end{pmatrix}$，计算 $\mathrm{e}^{\boldsymbol{A}x}$.

解 方程组为

$$\begin{cases} y'=y+5z, \\ z'=2y+4z. \end{cases}$$

消去 y 得到 $z''-5z'-6z=0$，由此易得：

$$\begin{cases} y=-\dfrac{5}{2}c_1\mathrm{e}^{-x}+c_2\mathrm{e}^{6x}, \\ z=c_1\mathrm{e}^{-x}+c_2\mathrm{e}^{6x}, \end{cases} \text{即} \begin{pmatrix} y \\ z \end{pmatrix}=\begin{pmatrix} -\dfrac{5}{2}\mathrm{e}^{-x} & \mathrm{e}^{6x} \\ \mathrm{e}^{-x} & \mathrm{e}^{6x} \end{pmatrix}\begin{pmatrix} c_1 \\ c_2 \end{pmatrix}.$$

结合定理5.2.1，原方程组的标准解矩阵为

$$\mathrm{e}^{\boldsymbol{A}x}=\begin{pmatrix} -\dfrac{5}{2}\mathrm{e}^{-x} & \mathrm{e}^{6x} \\ \mathrm{e}^{-x} & \mathrm{e}^{6x} \end{pmatrix}\begin{pmatrix} -\dfrac{5}{2}\mathrm{e}^{-t} & \mathrm{e}^{6t} \\ \mathrm{e}^{-t} & \mathrm{e}^{6t} \end{pmatrix}^{-1}\Bigg|_{t=0}=\begin{pmatrix} \dfrac{5}{7}\mathrm{e}^{-x}+\dfrac{2}{7}\mathrm{e}^{6x} & -\dfrac{5}{7}\mathrm{e}^{-x}+\dfrac{5}{7}\mathrm{e}^{6x} \\ -\dfrac{2}{7}\mathrm{e}^{-x}+\dfrac{2}{7}\mathrm{e}^{6x} & \dfrac{2}{7}\mathrm{e}^{-x}+\dfrac{5}{7}\mathrm{e}^{6x} \end{pmatrix}.$$

如果用Maple求解，指令如下：

```
with(DEtools):
eq1:= diff(y(x),x)= y(x)+5 * z(x):
eq2:= diff(z(x),x)= 2 * y(x)+4 * z(x):
dsolve({eq1,eq2},{y(x),z(x)}):
M:= Matrix([[-(5/2) * exp(-x),exp(6 * x)],[exp(-x),exp(6 * x)]]):
N:=subs(x = 0,M^(-1)):
evalm(M& * N)
```

（2）根据标准形计算

① 简单情形.

一个 n 阶常数矩阵 $\boldsymbol{A}$ 最多有 n 个线性无关的特征向量，最少有一个特征向量. 当 $\boldsymbol{A}$ 相似于对角阵时，有如下定理.

定理 5.2.3 如果系数矩阵 $\boldsymbol{A}$ 具有 n 个线性无关的特征向量 $\boldsymbol{v}_1,\boldsymbol{v}_2,\cdots,\boldsymbol{v}_n$，它们对应的特征值分别为 $\lambda_1,\lambda_2,\cdots,\lambda_n$（不必各不相同），则 $\boldsymbol{\Phi}(x)=[\mathrm{e}^{\lambda_1x}\boldsymbol{v}_1,\mathrm{e}^{\lambda_2x}\boldsymbol{v}_2,\cdots,\mathrm{e}^{\lambda_nx}\boldsymbol{v}_n]$为齐次线性微分方程组(5-2-2)的一个基解矩阵.

证明 由关于特征值和特征向量的讨论可知，向量函数 $\mathrm{e}^{\lambda_jx}\boldsymbol{v}_j,j=1,\cdots,n$ 为齐次线性微分方程组(5-2-2)的基本解组. 所以 $\boldsymbol{\Phi}(x)=[\mathrm{e}^{\lambda_1x}\boldsymbol{v}_1,\mathrm{e}^{\lambda_2x}\boldsymbol{v}_2,\cdots,\mathrm{e}^{\lambda_nx}\boldsymbol{v}_n]$ 为方程组(5-2-2)的解矩阵. 又因为 $\boldsymbol{v}_1,\boldsymbol{v}_2,\cdots,\boldsymbol{v}_n$ 线性无关，从而 $\det\boldsymbol{\Phi}(0)=\det[\boldsymbol{v}_1,\boldsymbol{v}_2,\cdots,\boldsymbol{v}_n]\neq0$. 由定理5.1.9即得结论.

【例 5.2.2】 求解微分方程组 $\dfrac{\mathrm{d}}{\mathrm{d}t}\begin{pmatrix} x \\ y \end{pmatrix}=\begin{pmatrix} 1 & 2 \\ 4 & 3 \end{pmatrix}\begin{pmatrix} x \\ y \end{pmatrix}$.

解 令

$$\begin{pmatrix} x \\ y \end{pmatrix} = \begin{pmatrix} r_1 \\ r_2 \end{pmatrix} e^{\lambda t}.$$

将其代入方程，有

$$\begin{cases} (1-\lambda)r_1+2r_2=0, \\ 4r_1+(3-\lambda)r_2=0. \end{cases} \tag{5-2-7}$$

从而得到相应的特征方程

$$\begin{vmatrix} 1-\lambda & 2 \\ 4 & 3-\lambda \end{vmatrix} = \lambda^2-4\lambda-5=0.$$

它有两个简单的特征根为$\lambda_1=5,\lambda_2=-1$.

对应于特征根$\lambda_1=5$，由方程组(5-2-7) 推出$r_1:r_2=1:2$. 不妨令$r_1=\frac{1}{2}$，则$r_2=1$. 此时，我们有特解

$$\begin{pmatrix} x_1 \\ y_1 \end{pmatrix} = \begin{pmatrix} \frac{1}{2} \\ 1 \end{pmatrix} e^{5t}.$$

类似地，对应于$\lambda_2=-1$，由方程组(5-2-7) 推出$r_1:r_2=-1:1$. 不妨令$r_1=-1$，则$r_2=1$. 此时，我们有特解

$$\begin{pmatrix} x_2 \\ y_2 \end{pmatrix} = \begin{pmatrix} -1 \\ 1 \end{pmatrix} e^{-t}.$$

因此，我们得到通解

$$\begin{pmatrix} x \\ y \end{pmatrix} = c_1\begin{pmatrix} \frac{1}{2} \\ 1 \end{pmatrix} e^{5t} + c_2\begin{pmatrix} -1 \\ 1 \end{pmatrix} e^{-t}.$$

式中，c_1,c_2为任意常数.

我们可以用 **Maple** 软件来求矩阵$\begin{pmatrix} 1 & 2 \\ 4 & 3 \end{pmatrix}$的特征值和特征向量，指令如下：

```
restart;                                        # 重新启动程序
Student[LinearAlgebra][EigenvectorsTutor]();# 调用学生线性代数程序包中特征向量求解器
A:= Matrix([[1,2],[4,3]]);                      # 输入矩阵
CharacteristicPolynomial(A,lambda);             # 求矩阵 A 的特征多项式
solve(%,lambda);                                # 求矩阵 A 的特征值:5,-1
E:= LinearAlgebra[IdentityMatrix](2);           # 写出二阶单位矩阵
NullSpace(A-5 * E);                             # 求(得)对应于特征值 5 的特征向量:{(1/2,1)^T}
NullSpace(A+E);                                 # 求(得)对应于特征值-1 的特征向量:{(-1,1)^T}.
```

用 **Maple** 直接求解方程的命令如下：

```
with(DEtools);
eq1:= diff(x(t),t)= x(t)+2 * y(t):
eq2:= diff(y(t),t)= 4 * x(t)+3 * y(t):
```

```
dsolve({eq1,eq2},{x(t),y(t)});
{x(t)= _C1 exp(5t)+_C2 exp(-t),y(t)= 2 _C1 exp(5t)-_C2 exp(-t)}
```

【例 5.2.3】 求解方程组$\frac{d}{dt}\begin{pmatrix}x\\y\end{pmatrix}=\begin{pmatrix}1&-5\\2&-1\end{pmatrix}\begin{pmatrix}x\\y\end{pmatrix}$.

解 令

$$\begin{pmatrix}x\\y\end{pmatrix}=\begin{pmatrix}r_1\\r_2\end{pmatrix}e^{\lambda t}.$$

将其代入方程，有

$$\begin{cases}(1-\lambda)r_1-5r_2=0,\\2r_1-(1+\lambda)r_2=0.\end{cases}\tag{5-2-8}$$

从而得到

$$\begin{vmatrix}1-\lambda&-5\\2&-1-\lambda\end{vmatrix}=\lambda^2+9=0.$$

它有两个简单的特征根$\lambda_1=3i$，$\lambda_2=-3i$.

对应于特征根$\lambda_1=3i$，由方程组(5-2-8) 推出$r_1:r_2=5:(1-3i)$. 不妨令$r_1=5$，则$r_2=1-3i$. 此时，我们有特解

$$\begin{pmatrix}x_1\\y_1\end{pmatrix}=\begin{pmatrix}5\\1-3i\end{pmatrix}e^{3it}=\begin{pmatrix}5\cos3t\\\cos3t+3\sin3t\end{pmatrix}+i\begin{pmatrix}5\sin3t\\\sin3t-3\cos3t\end{pmatrix}.$$

类似地，对应于$\lambda_2=-3i$，我们可以得到共轭的复值解

$$\begin{pmatrix}x_2\\y_2\end{pmatrix}=\begin{pmatrix}5\cos3t\\\cos3t+3\sin3t\end{pmatrix}-i\begin{pmatrix}5\sin3t\\\sin3t-3\cos3t\end{pmatrix}.$$

因此，我们得到实的通解为

$$\begin{pmatrix}x\\y\end{pmatrix}=c_1\begin{pmatrix}5\cos3t\\\cos3t+3\sin3t\end{pmatrix}+c_2\begin{pmatrix}5\sin3t\\\sin3t-3\cos3t\end{pmatrix},$$

式中，c_1,c_2为任意常数.

② **一般情形.**

【例 5.2.4】 试求$\boldsymbol{x}'=\begin{pmatrix}3&1\\0&3\end{pmatrix}\boldsymbol{x}$的基解矩阵.

解 因为$\boldsymbol{A}=\begin{pmatrix}3&1\\0&3\end{pmatrix}=\begin{pmatrix}3&0\\0&3\end{pmatrix}+\begin{pmatrix}0&1\\0&0\end{pmatrix}$，且右端的两个矩阵是可交换的，我们得到

$$e^{\boldsymbol{A}t}=\exp\begin{pmatrix}3&0\\0&3\end{pmatrix}t\cdot\exp\begin{pmatrix}0&1\\0&0\end{pmatrix}t=\begin{pmatrix}e^{3t}&0\\0&e^{3t}\end{pmatrix}\left(\boldsymbol{I}+\begin{pmatrix}0&1\\0&0\end{pmatrix}t+\begin{pmatrix}0&1\\0&0\end{pmatrix}^2t^2+\cdots\right).$$

但是，$\begin{pmatrix}0&1\\0&0\end{pmatrix}^2=\begin{pmatrix}0&0\\0&0\end{pmatrix}$，所以级数只有两项. 因此，所求的基解矩阵为

$$e^{\boldsymbol{A}t}=e^{3t}\begin{pmatrix}1 & t\\ 0 & 1\end{pmatrix}.$$

一般情形下，设复数集 $\mathbb{C}$ 上的矩阵 $\boldsymbol{A}$ 有特征根 $\lambda_1,\lambda_2,\cdots,\lambda_n$，且有重根，不同特征根的个数为 m，则 $0<m<n$；令这些不同的特征根为 $\lambda_1,\lambda_2,\cdots,\lambda_m$，假设它们的重数分别为 $\sigma_1,\sigma_2,\cdots,\sigma_m$，则有 $\sigma_1+\sigma_2+\cdots+\sigma_m=n$. 一定存在非奇异矩阵 $\boldsymbol{P}$，使得

$$\boldsymbol{P}^{-1}\boldsymbol{A}\boldsymbol{P}=\boldsymbol{J}=\mathrm{diag}\{\boldsymbol{J}_1,\boldsymbol{J}_2,\cdots,\boldsymbol{J}_m\}, \tag{5-2-9}$$

为 **Jordan** 标准形，其中

$$\boldsymbol{J}_j=\begin{pmatrix}\lambda_j & 1 & & \\ & \lambda_j & 1 & \\ & & \ddots & 1\\ & & & \lambda_j\end{pmatrix}_{n_j\times n_j}$$

是 **Jordan** 标准块，$n_j\geqslant 1(j=1,2,\cdots,m)$，$n_1+n_2+\cdots+n_m=n$，$\lambda_j$ 是矩阵 $\boldsymbol{A}$ 的特征值. 由定理 5.2.1 和矩阵指数的性质知，齐次线性微分方程组(5-2-2) 有基解矩阵 $e^{\boldsymbol{A}x}=e^{\boldsymbol{PJP}^{-1}x}=\boldsymbol{P}e^{\boldsymbol{J}x}\boldsymbol{P}^{-1}$. 因而 $e^{\boldsymbol{A}x}\boldsymbol{P}=\boldsymbol{P}e^{\boldsymbol{J}x}$. 因为可逆矩阵 $\boldsymbol{P}$ 把一组基变为另一组基，所以 $e^{\boldsymbol{A}x}\boldsymbol{P}$ 也是方程组(5-2-2) 的基解矩阵. 如果求出了 $\boldsymbol{J}$ 和 $\boldsymbol{P}$，用 $\boldsymbol{P}e^{\boldsymbol{J}x}$ 的 n 个列向量就可构成一个基解矩阵.

为研究 $\boldsymbol{P}e^{\boldsymbol{J}x}$ 的结构，考虑 $\boldsymbol{J}_j=\lambda_j\boldsymbol{I}+\boldsymbol{Z}$，其中 $\lambda_j\boldsymbol{I}$ 为对角阵，$\boldsymbol{Z}$ 为幂零阵，即

$$\lambda_j\boldsymbol{I}=\begin{pmatrix}\lambda_j & 0 & & \\ & \lambda_j & 0 & \\ & & \ddots & 0\\ & & & \lambda_j\end{pmatrix}_{n_j\times n_j},\quad \boldsymbol{Z}=\left.\begin{pmatrix}0 & 1 & & \\ & 0 & \ddots & \\ & & \ddots & 1\\ & & & 0\end{pmatrix}\right|_{n_j\times n_j}.$$

易见

$$\boldsymbol{Z}^2=\begin{pmatrix}0 & 0 & 1 & & \\ & \ddots & \ddots & \ddots & \\ & & \ddots & \ddots & 1\\ & & & \ddots & 0\\ & & & & 0\end{pmatrix},\cdots,\boldsymbol{Z}^k=0,\forall k\geqslant n_j.$$

这决定了 $e^{\boldsymbol{A}x}$ 可以写为有限和的形式，因为

$$e^{\boldsymbol{Z}x}=\boldsymbol{I}+x\begin{pmatrix}0 & 1 & \cdots & 0\\ & \ddots & & \vdots\\ & & \ddots & 1\\ & & & 0\end{pmatrix}+\frac{x^2}{2}\begin{pmatrix}0 & 0 & 1 & \cdots & 0\\ & \ddots & \ddots & \ddots & \vdots\\ & & & \ddots & 1\\ & & & \ddots & 0\\ & & & & 0\end{pmatrix}+\cdots+\frac{x^{n_j-1}}{(n_j-1)!}\begin{pmatrix}0 & \cdots & 0 & 1\\ & \ddots & & 0\\ & & \ddots & \vdots\\ & & & 0\end{pmatrix},$$

$$e^{\lambda_j x\boldsymbol{I}}=\boldsymbol{I}+x\begin{pmatrix}\lambda_j & & \\ & \ddots & \\ & & \lambda_j\end{pmatrix}+\frac{1}{2!}\begin{pmatrix}\lambda_j^2x^2 & & \\ & \ddots & \\ & & \lambda_j^2x^2\end{pmatrix}+\cdots=\begin{pmatrix}e^{\lambda_j x} & & \\ & \ddots & \\ & & e^{\lambda_j x}\end{pmatrix}=e^{\lambda_j x}\boldsymbol{I}.$$

故

$$e^{\boldsymbol{J}_j x}=e^{\lambda_j x\boldsymbol{I}}e^{(\boldsymbol{A}-\lambda_j\boldsymbol{I})x}=e^{\lambda_j x}\begin{pmatrix}1 & x & \frac{x^2}{2!} & \cdots & \frac{x^{n_j-1}}{(n_j-1)!}\\ & 1 & x & \cdots & \frac{x^{n_j-2}}{(n_j-2)!}\\ & & 1 & \ddots & \vdots\\ & & & \ddots & x\\ & & & & 1\end{pmatrix}_{n_j\times n_j}.$$

特别地，当 $\boldsymbol{A}$ 只有一个特征值 λ 时，对于任意向量 $\boldsymbol{u}$，都有 $(\boldsymbol{A}-\lambda\boldsymbol{I})^n\boldsymbol{u}=0$，即 $(\boldsymbol{A}-\lambda\boldsymbol{I})^n$ 是一个零矩阵. 我们有

$$e^{\boldsymbol{A}x}=e^{\lambda x}\exp(\boldsymbol{A}-\lambda\boldsymbol{I})x=e^{\lambda x}\sum_{i=0}^{n-1}\frac{x^i}{i!}(\boldsymbol{A}-\lambda\boldsymbol{I})^i.$$

例 5.2.4 即是这种情况.

进而考虑 **Jordan** 标准形矩阵 (5-2-9). 我们要计算的基解矩阵可以表述为

$$\boldsymbol{P}e^{\boldsymbol{J}x}=(\boldsymbol{P}_1,\boldsymbol{P}_2,\cdots,\boldsymbol{P}_m)\mathrm{diag}\{e^{\boldsymbol{J}_1x},e^{\boldsymbol{J}_2x},\cdots,e^{\boldsymbol{J}_mx}\}=(\boldsymbol{P}_1e^{\boldsymbol{J}_1x},\boldsymbol{P}_2e^{\boldsymbol{J}_2x},\cdots,\boldsymbol{P}_me^{\boldsymbol{J}_mx}),$$

式中，$\boldsymbol{P}_j=(p_1,p_2,\cdots,p_{n_j})$ 为 $\boldsymbol{P}$ 的 $n\times n_j$ 子阵，由 n_j 个列向量构成. 考虑上式中 m 组列向量中的任意一组

$$\boldsymbol{P}_je^{\boldsymbol{J}_jx}=e^{\lambda_jx}\left(p_1,xp_1+p_2,\cdots,\frac{x^{n_j-1}}{(n_j-1)!}p_1+\cdots+p_{n_j}\right).$$

这表明 $\boldsymbol{P}_je^{\boldsymbol{J}_jx}$ 的每个列向量形如 $\boldsymbol{y}(x)=e^{\lambda_jx}\left(\boldsymbol{v}_0+\frac{x}{1!}\boldsymbol{v}_1+\cdots+\frac{x^{n_j-1}}{(n_j-1)!}\boldsymbol{v}_{n_j-1}\right)$，其中 $\boldsymbol{v}_1,\boldsymbol{v}_2,\cdots,\boldsymbol{v}_{n_j-1}$ 待定. 这就是要寻找的基本解组的有限和表达式.

因此，我们有下述定理，对证明感兴趣的读者可以参阅相关文献.

定理 5.2.4 若方程组(5-2-2) 的特征方程有特征根，分别为 s 个不相同的实根 $\lambda_1,\lambda_2,\cdots,\lambda_s$ 和 $2l$ 个不相同的共轭复根 $\alpha_1\pm i\beta_1,\alpha_2\pm i\beta_2,\cdots,\alpha_l\pm i\beta_l$，它们的重数相应地为 $n_1,n_2,\cdots,n_s$ 和 $m_1,m_2,\cdots,m_s$，且有 $n=n_1+n_2+\cdots+n_s+2(m_1+m_2+\cdots+m_s)$，则方程组(5-2-2) 的所有解形式为：

$$\boldsymbol{y}(x)=\sum_{j=1}^{s}R_j(x)e^{\lambda_jx}+\sum_{k=1}^{l}[P_k(x)\cos\beta_kx+Q_k(x)\sin\beta_kx]e^{\alpha_kx},$$

式中，向量 $R_j(x)(j=1,2,\cdots,s)$ 的每个分量是 x 的次数不超过 n_j-1 的多项式，向量 $P_k(x),Q_k(x)(k=1,2,\cdots,l)$ 的每个分量是 x 的次数不超过 m_k-1 的多项

式，所有这些多项式中的系数之间有一定的关系，共包含 n 个独立的任意常数.

定理 5.2.4 给出的求基本解组的方法，称为**待定系数法.**

【例 5.2.5】 求解方程组 $\dot{x}=x-y,\dot{y}=x+3y$.

解 系数矩阵 $\boldsymbol{A}=\begin{pmatrix}1 & -1\\ 1 & 3\end{pmatrix}$的特征方程为

$$\det(\boldsymbol{A}-\lambda\boldsymbol{I})=\begin{vmatrix}1-\lambda & -1\\ 1 & 3-\lambda\end{vmatrix}=(\lambda-2)^2.$$

解之得原方程的特征值为 $\lambda_1=\lambda_2=2$. 相应于二重特征值，假设方程组有如下形式的解

$$x=(r_{11}+r_{12}t)\mathrm{e}^{2t},y=(r_{21}+r_{22}t)\mathrm{e}^{2t}.$$

将其代入原方程组得

$$2\mathrm{e}^{2t}(r_{11}+r_{12}t)+\mathrm{e}^{2t}r_{12}=\mathrm{e}^{2t}(r_{11}+r_{12}t)-\mathrm{e}^{2t}(r_{21}+r_{22}t),$$
$$2\mathrm{e}^{2t}(r_{21}+r_{22}t)+\mathrm{e}^{2t}r_{22}=\mathrm{e}^{2t}(r_{11}+r_{12}t)+3\mathrm{e}^{2t}(r_{21}+r_{22}t).$$

消去 e^{2t} 后比较 t 的同次幂的系数得 $r_{11}+r_{12}+r_{21}=0,r_{12}+r_{22}=0,r_{11}+r_{21}-r_{22}=0$. 于是，$-r_{12}=r_{22}=r_{11}+r_{21}$.

取 $r_{11}=1,r_{21}=0$,则 $r_{12}=-1,r_{22}=1$. 那么相应于 $\lambda_1=\lambda_2=2$ 的一个特解为

$$\begin{pmatrix}x_1\\ y_1\end{pmatrix}=\begin{pmatrix}(1-t)\mathrm{e}^{2t}\\ t\mathrm{e}^{2t}\end{pmatrix}.$$

取 $r_{11}=0,r_{21}=1$,则 $r_{12}=-1,r_{22}=1$. 那么相应于 $\lambda_1=\lambda_2=2$ 的一个特解为

$$\begin{pmatrix}x_2\\ y_2\end{pmatrix}=\begin{pmatrix}-t\mathrm{e}^{2t}\\ (1+t)\mathrm{e}^{2t}\end{pmatrix}.$$

易知，这两个解在$(-\infty,\infty)$上线性无关. 所以，方程组的通解为

$$\begin{pmatrix}x\\ y\end{pmatrix}=c_1\mathrm{e}^{2t}\begin{pmatrix}1-t\\ t\end{pmatrix}+c_2\mathrm{e}^{2t}\begin{pmatrix}-t\\ 1+t\end{pmatrix}.$$

【例 5.2.6】 用 **Maple** 求解方程组 $\dot{x}=-x-y,\dot{y}=-y-z,\dot{z}=-z$.

解 易知系数矩阵 $\boldsymbol{B}$ 的特征值为-1，是三重根. **Maple** 指令如下

```
B:= Matrix([[-1,-1,0],[0,-1,-1],[0,0,-1]]);                  # 输入矩阵
eigenvalues(B):                                                # 输出特征值-1,-1,-1
Student[LinearAlgebra][EigenvectorsTutor]():with(linalg):     # 调用程序包
eq10:=diff(x(t),t)=-x(t)-y(t);eq11:=diff(y(t),t)=-y(t)-z(t);
eq12:=diff(z(t),t)=-z(t);                                      # 输入方程组
dsolve({eq10,eq11,eq12},{x(t),y(t),z(t)})
{x(t)=(1/2)*(_C3*t^2-2*_C2*t+2*_C1)*exp(-t),
y(t)=(-_C3*t+_C2)*exp(-t),z(t)= _C3*exp(-t)}                 # 输出结果
```

【例 5.2.7】 讨论常数矩阵 $\boldsymbol{A}$ 为实的二阶方阵时，齐次线性微分方程组(5-2-2)的通解的类型.

解 我们可以按 $\boldsymbol{A}$ 的实特征值 λ_1,λ_2 以及特征向量空间的情况加以讨论.

情形 1：$\boldsymbol{A}$ 有两个不同的实特征值 λ_1,λ_2. 此时，设 $\boldsymbol{v}_1,\boldsymbol{v}_2$ 分别为对应于 λ_1,λ_2 的特征向量，则它们必定线性无关，且为实向量. 我们有

$$(\boldsymbol{v}_1,\boldsymbol{v}_2)^{-1}\boldsymbol{A}(\boldsymbol{v}_1,\boldsymbol{v}_2)=\begin{pmatrix}\lambda_1 & \\ & \lambda_2\end{pmatrix}.$$

于是方程组(5-2-2) 的通解为

$$y(x)=\mathrm{e}^{\boldsymbol{A}x}\tilde{\boldsymbol{c}}=(\boldsymbol{v}_1,\boldsymbol{v}_2)\boldsymbol{\Lambda}(\boldsymbol{v}_1,\boldsymbol{v}_2)^{-1}\tilde{\boldsymbol{c}}=(\boldsymbol{v}_1,\boldsymbol{v}_2)\begin{pmatrix}\lambda_1 & \\ & \lambda_2\end{pmatrix}\begin{pmatrix}c_1\\ c_2\end{pmatrix}=c_1\mathrm{e}^{\lambda_1 x}+c_2\mathrm{e}^{\lambda_2 x}.$$

情形 2：$\boldsymbol{A}$ 有一对复的特征值 λ_1,λ_2. 此时，λ_1,λ_2 为共轭复数，即 $\lambda_1=a+b\mathrm{i}$，$\lambda_2=\bar{\lambda}_1=a-b\mathrm{i}$，其中 a,b 为实数，$b\neq 0$. 依照情形 1，设 λ_1,λ_2 分别对应的特征向量为 $\boldsymbol{v}_1,\boldsymbol{v}_2$，其中 $\boldsymbol{v}_1,\boldsymbol{v}_2$ 为实分量，则 $\boldsymbol{v}_1,\boldsymbol{v}_2$ 必定线性无关，而方程组(5-2-2) 的通解可以写为

$$y(x)=c_1\mathrm{e}^{\lambda_1 x}(\boldsymbol{v}_1+\mathrm{i}\boldsymbol{v}_2)+c_2\mathrm{e}^{\lambda_2 x}(\boldsymbol{v}_1-\mathrm{i}\boldsymbol{v}_2).$$

从而，方程组(5-2-2) 的实值解可以写为

$$y(x)=\mathrm{e}^{ax}(\boldsymbol{v}_1,\boldsymbol{v}_2)\begin{pmatrix}\cos bx & \sin bx\\ -\sin bx & \cos bx\end{pmatrix}\begin{pmatrix}c_1\\ c_2\end{pmatrix}.$$

情形 3：$\boldsymbol{A}$ 有一对相等的特征值 $\lambda_1=\lambda_2=\lambda$，且特征向量空间的维数为 2，即可以找到它的两个线性无关的特征向量 $\boldsymbol{v}_1,\boldsymbol{v}_2$. 依照情形 1，方程组(5-2-2) 的通解可以写为

$$y(x)=c_1\mathrm{e}^{\lambda_1 x}\boldsymbol{v}_1+c_2\mathrm{e}^{\lambda_2 x}\boldsymbol{v}_2.$$

情形 4：$\boldsymbol{A}$ 有一对相等的特征值 $\lambda_1=\lambda_2=\lambda$，此时 λ 为实数，且特征向量空间的维数为 1，设 $\boldsymbol{v}_1$ 为对应的特征向量，则可以找到一个广义特征向量 $\boldsymbol{v}_2$，满足 $(\boldsymbol{A}-\lambda\boldsymbol{I})\boldsymbol{v}_2=\boldsymbol{v}_1$. 从而，方程组(5-2-2) 的通解可以写为

$$\begin{aligned}y(x)&=(\boldsymbol{v}_1,\boldsymbol{v}_2)\begin{pmatrix}\mathrm{e}^{\lambda x} & x\mathrm{e}^{\lambda x}\\ 0 & \mathrm{e}^{\lambda x}\end{pmatrix}(\boldsymbol{v}_1,\boldsymbol{v}_2)^{-1}\tilde{\boldsymbol{c}}\\ &=(\boldsymbol{v}_1,\boldsymbol{v}_2)\begin{pmatrix}\mathrm{e}^{\lambda x} & x\mathrm{e}^{\lambda x}\\ 0 & \mathrm{e}^{\lambda x}\end{pmatrix}\begin{pmatrix}c_1\\ c_2\end{pmatrix}=c_1\mathrm{e}^{\lambda_1 x}+c_2(\boldsymbol{v}_2+x\boldsymbol{v}_1)\mathrm{e}^{\lambda_2 x}.\end{aligned}$$

习 题 5.2

1. 求解下列各微分方程组的通解：

(1) $y_1'=3y_1-2y_2,y_2'=2y_1-2y_2$；

(2) $y_1'=2y_1-y_2,y_2'=3y_1-2y_2$；

(3) $y_1'=y_1-5y_2,y_2'=y_1-3y_2$；

(4) $y_1'=3y_1-4y_2, y_2'=4y_1-y_2$;

(5) $y_1'=3y_1-4y_2, y_2'=y_1-y_2$;

(6) $\dot{x}=2x-y+z, \dot{y}=x+2y-z, \dot{z}=x-y+2z$;

(7) $\dot{x}=6x-72y+44z, \dot{y}=4x-43y+26z, \dot{z}=6x-63y+38z$;

(8) $\dot{x}=4x-9y+5z, \dot{y}=x-10y+7z, \dot{z}=x-17y+12z$;

(9) $\dot{x}=2x-y+2z, \dot{y}=x+2z, \dot{z}=-2x+y-z$;

(10) $\dot{x}=-x+y+z, \dot{y}=x-y+z, \dot{z}=x+y-z$;

(11) $\dot{x}=-2x+y-2z, \dot{y}=x-2y+2z, \dot{z}=3x-3y+5z$;

(12) $\dot{x}=4x-y, \dot{y}=3x+y-z, \dot{z}=x+z$;

(13) $\dot{x}=3x+y-z, \dot{y}=-x+2y+z, \dot{z}=x+y+z$;

2. 证明：常系数齐次线性微分方程组 $\boldsymbol{y}'=\boldsymbol{A}\boldsymbol{y}$ 的任何解当 $x\to+\infty$ 时都趋于零，当且仅当 $\boldsymbol{A}$ 的所有特征根都具有负的实部.

5.3　消元法和拉普拉斯变换法

本节介绍微分方程组的两种求解方法，即消元法和拉普拉斯（Laplace）变换法. 它们对求解一些简单的微分方程组是很有效的，但也有局限性.

5.3.1　消元法

消元法是将下列一阶微分方程组

$$\begin{cases} y_1'=f_1(x,y_1,y_2,\cdots,y_n), \\ y_2'=f_2(x,y_1,y_2,\cdots,y_n), \\ \cdots\cdots \\ y_n'=f_n(x,y_1,y_2,\cdots,y_n) \end{cases}$$

中的未知函数 $y_1,y_2,\cdots,y_n$ 只保留一个，消去其他未知函数，得到含一个未知函数的高阶方程，先求出这个未知函数，然后再求出其他未知函数. 消元法对由两个或三个方程构成的常系数微分方程组是非常有效的求解方法.

【例 5.3.1】 求解方程组 $y_1'=3y_1-2y_2, y_2'=2y_1-y_2$.

解　消去 y_1 保留 y_2. 由方程组的第二个方程解得 $y_1=\dfrac{1}{2}(y_2'+y_2)$. 对它两边求导得 $y_1'=\dfrac{1}{2}(y_2''+y_2')$. 将 y_1 和 y_1' 代入原方程组的第一个方程得 $y_2''-2y_2'+y_2=0$. 这是二阶常系数齐次线性微分方程，易求出它的通解为 $y_2=(c_1+c_2x)\mathrm{e}^x$. 将它代入 $y_1=\dfrac{1}{2}(y_2'+y_2)$，得 $y_1=\dfrac{1}{2}(2c_1+c_2+2c_2x)\mathrm{e}^x$，故原方程组的通解为

$$\begin{cases} y_1=\dfrac{1}{2}(2c_1+c_2+2c_2x)e^x, \\ y_2=(c_1+c_2x)e^x, \end{cases}$$

式中，c_1，c_2 为任意常数.

【例 5.3.2】 求解方程组 $x'=y, y'=\dfrac{y^2}{x}$.

解 对第一个方程求导得$\dfrac{d^2x}{dt^2}=\dfrac{dy}{dt}$，代入第二个方程得

$$\frac{d^2x}{dt^2}-\frac{1}{x}\left(\frac{dx}{dt}\right)^2=0. \tag{5-3-1}$$

此方程是不显含自变量 t 的可降阶的方程，设$\dfrac{dx}{dt}=p, \dfrac{d^2x}{dt^2}=\dfrac{dp}{dt}=\dfrac{dp}{dx}\dfrac{dx}{dt}=p\dfrac{dp}{dx}$,代入方程(5-3-1) 得 $p\dfrac{dp}{dx}-\dfrac{1}{x}p^2=0$，即有

$$p\left(\frac{dp}{dx}-\frac{p}{x}\right)=0. \tag{5-3-2}$$

由$\dfrac{dp}{dx}-\dfrac{p}{x}=0$，分离变量并积分得 $p=c_1x$，从而有$\dfrac{dx}{dt}=c_1x$，再积分得 $\ln|x|=c_1t+c$,或 $x=c_2e^{c_1t}$. 再由第一个方程得

$$y=c_1c_2e^{c_1t}.$$

由式(5-3-2) 还可得 $p=0$，从而有 $x=c$，由第一方程得 $y=0$，该组解包含在上面所得的通解中，故原方程组的通解为

$$x=c_2e^{c_1t}, y=c_1c_2e^{c_1t}.$$

【例 5.3.3】 求解微分方程组

$$\frac{d\boldsymbol{y}}{dx}=\begin{pmatrix} 2 & 2 & 0 \\ 0 & -1 & 1 \\ 0 & 0 & 2 \end{pmatrix}\boldsymbol{y}.$$

解 本题的系数矩阵是上三角矩阵. 将方程组写为分量形式

$$\begin{cases} y_1'=2y_1+2y_2, \\ y_2'=-y_2+y_3, \\ y_3'=2y_3. \end{cases}$$

由第三个方程易得 $y_3=c_1e^{2x}$. 将 y_3 代入第二个方程，得 $y_2'=-y_2+c_1e^{2x}$. 这是关于 y_2 的一阶线性方程，可以求出

$$y_2=c_2e^{-x}+\frac{1}{3}c_1e^{2x}.$$

再将 y_2 代入第一个方程得：$y_1'=2y_1+2c_2e^{-x}+\frac{2}{3}c_1e^{2x}$. 这也是一阶线性方程，可以求出

$$y_1=c_3e^{2x}-\frac{2}{3}c_2e^{-x}+\frac{2}{3}c_1xe^{2x}.$$

所以，方程组的通解为

$$\boldsymbol{y}=c_1e^{2x}\begin{pmatrix}\frac{2}{3}x\\ \frac{1}{3}\\ 1\end{pmatrix}+c_2e^{-x}\begin{pmatrix}-\frac{2}{3}\\ 1\\ 0\end{pmatrix}+c_3e^{2x}\begin{pmatrix}1\\0\\0\end{pmatrix}.$$

式中，c_1,c_2,c_3 为任意常数.

对系数矩阵为上三角形矩阵的微分方程组，将它写成分量形式后，利用一阶线性方程来求解，计算量小，建议采用.

【例 5.3.4】 求微分方程组 $2x'+y'+y-t=0, x'+y'-x-y-2t=0$ 的通解.

解 为了消去 y，先消去 y'，得 $x'+x+2y+t=0$，即有 $y=-\frac{1}{2}(x'+x+t)$. 代入原方程的第二式并整理，得 $x''-2x'+x=-3t-1$. 由此解得

$$x=c_1e^t+c_2te^t-3t-7.$$

从而得 $y=-c_1e^t-c_2\left(\frac{1}{2}+t\right)e^t+t+5$，于是原方程的通解为：

$$x=c_1e^t+c_2te^t-3t-7,\quad y=-c_1e^t-c_2\left(\frac{1}{2}+t\right)e^t+t+5.$$

5.3.2 拉普拉斯变换法

关于常系数线性微分方程的求解问题，前面介绍的方法实际上已经够用了. 不过，许多工程师大都喜欢采用另一种求法——拉普拉斯变换，这是因为利用拉普拉斯变换求解初值问题和间断的微分方程要比通常的方法快速得多，而且拉普拉斯变换法与工程上的一些术语可以紧密配合. 它在电路分析和工程控制理论中有广泛的应用.

定义 5.3.1 设函数 $f(t)$ 在 $[0,+\infty)$ 上有定义，如果含参变量 s 的无穷积分 $\int_0^{+\infty}e^{-st}f(t)dt=\lim\limits_{T\to\infty}\int_0^Te^{-st}f(t)dt$ 对 s 的某一取值范围是收敛的，则称

$$F(s)=\int_0^{+\infty}e^{-st}f(t)dt \tag{5-3-3}$$

为函数 $f(t)$ 的**拉普拉斯**（Laplace，1749—1827）**变换**，简称**拉氏变换**，记为 $\mathcal{L}\{f(t)\}$，亦即：$\mathcal{L}\{f(t)\}=F(s)=\int_0^{+\infty}e^{-st}f(t)dt$. $f(t)$ 称为**原函数**，$F(s)$ 或 $\mathcal{L}\{f(t)\}$

称为**像函数**.

在拉普拉斯变换的一般理论中，积分式(5-3-3)的参变量 s 是复数. 为简单起见，在以下讨论中假设 s 是实数. 因为，这样对于解决许多问题已经足够了. 再有，以下我们总假设原函数 $f(t)$ 在区间 $[0,+\infty)$ 上有定义.

定理 5.3.1 设函数 $f(t)$ 在 $t\geqslant 0$ 上逐段连续，且有正数 M 和 a 使得对于一切 $t\geqslant 0$，有 $|f(t)|\leqslant M\mathrm{e}^{at}$，则当 $s\geqslant a$ 时，$F(s)$ 存在.

证明 实际上，当 $s\geqslant a$ 时，有

$$\left|\int_0^{+\infty}\mathrm{e}^{-st}f(t)\mathrm{d}t\right|\leqslant\int_0^{+\infty}\mathrm{e}^{-st}|f(t)|\mathrm{d}t\leqslant M\int_0^{+\infty}\mathrm{e}^{-(s-a)t}\mathrm{d}t=-\frac{M}{s-a}\mathrm{e}^{-(s-a)t}\Big|_0^{+\infty}=\frac{M}{s-a}.$$

引进拉氏变换的目的，主要在于可直接计算初值问题的解. 如果把未知函数的初值视为任意常数，其实也就得到了通解. 从定义出发，可直接算出一些特殊函数的拉氏变换，例如

$$\mathcal{L}\{c\}=\int_0^{+\infty}c\mathrm{e}^{-st}\mathrm{d}t=\lim_{T\to\infty}\int_0^T c\mathrm{e}^{-st}\mathrm{d}t=\lim_{T\to\infty}c\left(\frac{1}{s}-\frac{\mathrm{e}^{-sT}}{s}\right)=\frac{c}{s},$$

$$\mathcal{L}\{\mathrm{e}^{at}\}=\int_0^{+\infty}\mathrm{e}^{-st}\mathrm{e}^{at}\mathrm{d}t=\lim_{T\to\infty}\int_0^T\mathrm{e}^{at}\mathrm{e}^{-st}\mathrm{d}t=\lim_{T\to\infty}\frac{\mathrm{e}^{(a-s)t}}{a-s}\Bigg|_{t=0}^{t=T}=\frac{1}{s-a},$$

$$\mathcal{L}\{t\}=\int_0^{+\infty}t\mathrm{e}^{-st}\mathrm{d}t=\lim_{T\to\infty}\left(t\,\frac{\mathrm{e}^{-st}}{-s}\right)\Bigg|_{t=0}^{t=T}+\lim_{T\to\infty}\frac{1}{s}\int_0^T\mathrm{e}^{-st}\mathrm{d}t=\frac{1}{s}\mathcal{L}\{1\}=\frac{1}{s^2}.$$

我们摘录部分函数的拉氏变换（表 5.3.1），表中 n 为自然数，b 为正数，a,ω 为任意常数.

表 5.3.1 拉普拉斯变换表

序号	原函数	像函数	序号	原函数	像函数
1	1	$\frac{1}{s}$	9	$\mathrm{e}^{at}\cos\omega t$	$\frac{s-a}{(s-a)^2+\omega^2}$
2	t^n	$\frac{n!}{s^{n+1}}$	10	$\mathrm{e}^{at}\sin\omega t$	$\frac{\omega}{(s-a)^2+\omega^2}$
3	e^{at}	$\frac{1}{s-a}$	11	$\frac{1}{\sqrt{\pi t}}$	$\frac{1}{\sqrt{s}}$
4	$t^n\mathrm{e}^{at}$	$\frac{n!}{(s-a)^{n+1}}$	12	$t\mathrm{e}^{-bt}\sin at$	$\frac{2a(s+b)}{[(s+b)^2+a^2]^2}$
5	$\cos\omega t$	$\frac{s}{s^2+\omega^2}$	13	$t\mathrm{e}^{-bt}\cos at$	$\frac{(s+b)^2-a^2}{[(s+b)^2+a^2]^2}$
6	$\sin\omega t$	$\frac{\omega}{s^2+\omega^2}$	14	$t\cos\omega t$	$\frac{s^2-\omega^2}{(s^2+\omega^2)^2}$
7	$\mathrm{ch}\omega t$	$\frac{s}{s^2-\omega^2}$	15	$t\sin\omega t$	$\frac{2\omega s}{(s^2+\omega^2)^2}$
8	$\mathrm{sh}\omega t$	$\frac{\omega}{s^2-\omega^2}$	16	$\sin\omega t-\omega t\cos\omega t$	$\frac{2\omega^3}{(s^2+\omega^2)^2}$

续表

序号	原函数	像函数	序号	原函数	像函数
17	$e^{at}f(t)$	$F(s-a)$	22	$\int_0^t f(s)\mathrm{d}s$	$\frac{F(s)}{s}$
18	$f(t-b)$	$e^{-bs}F(s)$	23	$\int_0^t f(\tau)g(t-\tau)\mathrm{d}\tau$	$F(s)G(s)$
19	$f(bt)$	$\frac{1}{b}F\left(\frac{s}{b}\right)$	24	$\frac{1}{\sqrt{\pi t}}e^{-\frac{a^2}{4t}}$	$\frac{e^{-a\sqrt{s}}}{\sqrt{s}}$
20	$(-t)^n f(t)$	$F^{(n)}(s)$	25	$\frac{1}{\sqrt{\pi t}}\sin 2\sqrt{at}$	$\frac{1}{s\sqrt{s}}e^{-\frac{a}{s}}$
21	$\frac{f(t)}{t}$	$\int_s^{\infty} f(t)\mathrm{d}t$	26	$\frac{1}{\sqrt{\pi t}}\cos 2\sqrt{at}$	$\frac{1}{\sqrt{s}}e^{-\frac{a}{s}}$

应用复变函数理论可以证明原函数 $f(t)$ 及其拉氏变换 $F(s)$ 是一一对应的. 因此，可以由 $F(s)$ 求出唯一的 $f(t)$. 这定义了一个从 $F(s)$ 到 $f(t)$ 的变换，称为**拉普拉斯反演变换**，简称**拉氏反变换**. $F(s)$ 的拉氏反变换记为 $\mathcal{L}^{-1}\{f(s)\}$. 上述拉氏变换表同时是拉氏反变换的表，可以从 $F(s)$ 查出 $f(t)$，即 $\mathcal{L}^{-1}\{f(s)\}$. 注意拉氏变换和拉氏反变换都是线性变换，即对任意常数 c_1, c_2，有

$$\mathcal{L}\{c_1 f_1(t)+c_2 f_2(t)\}=c_1\mathcal{L}\{f_1(t)\}+c_2\mathcal{L}\{f_2(t)\},$$

$$\mathcal{L}^{-1}\{c_1 f_1(s)+c_2 f_2(s)\}=c_1\mathcal{L}^{-1}\{f_1(s)\}+c_2\mathcal{L}^{-1}\{f_2(s)\}.$$

函数的拉氏变换及其反变换可以用数学软件 **Maple** 或 **Matlab** 解出. 比如我们分别计算 $t\cos\omega t$，$te^{-bt}\sin at$ 等，通过下面的 **Maple** 指令，就能得到如表 5.3.1 所示的结果：

```
>restart:
>with(inttrans):
>assume(0<a,0<b):
>laplace(t * cos(w * t),t,s);
>laplace(t * exp(-b * t) * sin(a * t),t,s);
```

而拉氏反变换，如 $te^{-bt}\sin at$，$\cos\omega t$ 可分别通过运行下面的 Maple 指令得到：

```
>restart;
>with(inttrans);
>inttrans[invlaplace](2 * a * (s+b)/((s+b)^2+a^2)^2,s,t);
>inttrans[invlaplace](s/(s^2+w^2),s,t);
```

考虑常系数线性微分方程

$$y^{(n)}+a_1 y^{(n-1)}+\cdots+a_{n-1}y'+a_n y=f(t), \tag{5-3-4}$$

其非齐次项为拉氏变换表中出现的函数或是这些函数的有限和的形式. 设 $y(t)$ 为上述方程的任意一个解，它的像函数记为 $Y(s)$. 容易求得

$$\int_0^{\infty} e^{-st}y'(t)\mathrm{d}t=s\int_0^{\infty} e^{-st}y(t)\mathrm{d}t-y(0),$$

即

$$\begin{cases}\mathcal{L}\{y'(t)\}=sY(s)-Y(0).\\ \quad\quad\cdots\cdots\\ \mathcal{L}\{y^{(k)}(t)\}=s^kY(s)-s^{k-1}y(0)-s^{k-2}y'(0)-\cdots-y^{(k-1)}(0),\\ \quad\quad\cdots\cdots\\ \mathcal{L}\{y^{(n)}(t)\}=s^nY(s)-s^{n-1}y(0)-s^{n-2}y'(0)-\cdots-sy^{(n-2)}(0)-y^{(n-1)}(0).\end{cases}\tag{5-3-5}$$

式中，$k=1,2,\cdots$. 然后，设 $\mathcal{L}\{f(t)\}=F(s)$，对式(5-3-4) 两端作拉氏变换，并由线性性质得

$$s^nY(s)-s^{n-1}y(0)-s^{n-2}y'(0)-\cdots-sy^{(n-2)}(0)-y^{(n-1)}(0)+$$
$$a_1[s^{n-1}Y(s)-s^{n-2}y(0)-s^{n-3}y'(0)-\cdots-y^{(n-2)}(0)]+\cdots$$
$$+a_{n-1}[sY(s)-y(0)]+a_nY(s),$$

即

$$(s^n+a_1s^{n-1}+\cdots+a_{n-1}s+a_n)Y(s)=F(s)+(s^{n-1}+a_1s^{n-2}+\cdots+a_{n-1})y(0)$$
$$+(s^{n-2}+a_1s^{n-3}+\cdots+a_{n-2})y'(0)+\cdots+y^{(n-1)}(0).$$

因而容易求出

$$Y(s)=\frac{F(s)+B(s)}{A(s)},$$

式中，$A(s)$，$B(s)$是已知的多项式. 直接查拉普拉斯变换表，从像函数 $Y(s)$求得原函数 $y(t)$.

【例 5.3.5】 求解初值问题 $x'-x=e^{3t}, x(0)=0$.

解 对方程两端作拉氏变换得 $sX(s)-x(0)-X(s)=\dfrac{1}{s-3}$，且 $x(0)=0$，则

$$X(s)=\frac{1}{(s-1)(s-3)}=\frac{1}{2}\left(\frac{1}{s-3}-\frac{1}{s-1}\right),$$

查拉普拉斯变换表，并由线性性质得初值问题的解为 $x(t)=\dfrac{1}{2}(e^{3t}-e^{t})$.

【例 5.3.6】 求解初值问题 $\ddot{x}+4x=\sin 2t, x'(0)=x(0)=0$.

解 对方程两端作拉氏变换，注意到 $x'(0)=x(0)=0$，得

$$s^2X(s)-x(0)-x'(0)s+4X(s)=\frac{2}{s^2+4},$$

$$X(s)=\frac{2}{(s^2+4)^2}=\frac{1}{8}\left(\frac{2}{s^2+4}-2\frac{s^2-4}{(s^2+4)^2}\right).$$

由拉氏变换表得所求的解为 $x(t)=\dfrac{1}{8}(\sin 2t-2t\cos 2t)$.

【例 5.3.7】 解方程组 $x'=2x+y+e^{2t}+3t-1, y'=x+2y+2e^{2t}+9t-6$.

解　对方程两端取拉氏变换，得

$$\begin{cases}\mathcal{L}\{x'\}=2\mathcal{L}\{x\}+\mathcal{L}\{y\}+\mathcal{L}\{e^{2t}\}+3\mathcal{L}\{t\}-\mathcal{L}\{1\},\\ \mathcal{L}\{y'\}=\mathcal{L}\{x\}+2\mathcal{L}\{y\}+2\mathcal{L}\{e^{2t}\}+9\mathcal{L}\{t\}-6\mathcal{L}\{1\}.\end{cases}$$

利用式(5-3-5)及拉氏变换表，以及初值条件 $x(0)=x_0, y(0)=y_0$，进行运算，整理得

$$\begin{cases}(s-2)\mathcal{L}\{x\}-\mathcal{L}\{y\}=\dfrac{1}{s-2}+\dfrac{3}{s^2}-\dfrac{1}{s}+x_0,\\ -\mathcal{L}\{x\}+(s-2)\mathcal{L}\{y\}=\dfrac{2}{s-2}+\dfrac{9}{s^2}-\dfrac{6}{s}+y_0.\end{cases}$$

由此将 $\mathcal{L}\{x\},\mathcal{L}\{y\}$ 解出：

$$\begin{cases}\mathcal{L}\{x\}=\left(\dfrac{x_0+y_0}{2}+1\right)\dfrac{1}{s-3}+\dfrac{x_0-y_0}{2}\dfrac{1}{s-1}-\dfrac{1}{s-2}+\dfrac{1}{s^2}+\dfrac{1}{s},\\ \mathcal{L}\{y\}=\left(\dfrac{x_0+y_0}{2}+1\right)\dfrac{1}{s-3}-\dfrac{x_0-y_0}{2}\dfrac{1}{s-1}-\dfrac{1}{s-2}-\dfrac{5}{s^2}.\end{cases}$$

取拉氏反变换得

$$\begin{cases}x=\left(\dfrac{x_0+y_0}{2}+1\right)e^{3t}+\dfrac{x_0-y_0}{2}e^{t}-2e^{2t}+t+1,\\ y=\left(\dfrac{x_0+y_0}{2}+1\right)e^{3t}-\dfrac{x_0-y_0}{2}e^{t}-e^{2t}-5t.\end{cases}$$

如果把 x_0, y_0 看作任意常数，则它是方程组的通解.

方程或者方程组的初值问题可以用拉氏变换方便地解出来，如：

(1) de1: $=\dfrac{d^2y}{dt^2}+5\dfrac{dy}{dt}+6y=0, y(0)=0, y'(0)=1$;

(2) de2: $=\dfrac{d^2y}{dt^2}+5\dfrac{dy}{dt}+6y=5, y(0)=0, y'(0)=1$;

(3) de3: $=\dfrac{d^2y}{dt^2}+5\dfrac{dy}{dt}+6y+e^{t}=\sin t, y(0)=0, y'(0)=1$;

(4) de4: $=\dfrac{dy}{dx}=z-y-x, \dfrac{dz}{dx}=y, y(0)=0, z(0)=1$; fcns: $=\{y(x), z(x)\}$.

求解以上四个方程(组)的 **Maple** 指令如下：

(1) dsolve({de1,y(0)= 0,(D(y))(0)= 1},y(t),method = laplace)

输出结果为：y(t)= exp(-2 * t)-exp(-3 * t)，即：$y(t)=e^{-2t}-e^{-3t}$.

(2) dsolve({de2,y(0)= 0,(D(y))(0)= 1},y(t),method = laplace)

输出结果为：y(t)=-(3/2) * exp(-2 * t)+5/6+(2/3) * exp(-3 * t)，即：

$y(t)=-\frac{3}{2}e^{-2t}+\frac{5}{6}+\frac{2}{3}e^{-3t}$.

(3) dsolve({de3,y(0)= 0,(D(y))(0)= 1},y(t),method = laplace)

输出结果为：y(t)=−(1/10) * cos(t)+(1/10) * sin(t)+(23/15) * exp(−2 * t)−(27/20) * exp(−3 * t)−(1/12) * exp(t)，

即：$y(t)=-\frac{1}{10}\cos t+\frac{1}{10}\sin t-\frac{23}{15}e^{-2t}-\frac{27}{10}e^{-3t}-\frac{1}{12}e^{t}$.

(4) dsolve({de8,y(0)= 0,z(0)= 1},fcns,method = laplace)

输出结果为：{y(x)= 1+(1/5) * exp(−(1/2) * x) * (−5 * cosh((1/2) * x * sqrt(5))+sqrt(5) * sinh((1/2) * x * sqrt(5))),z(x)= 1+x−(2/5) * exp(−(1/2) * x) * sqrt(5) * sinh((1/2) * x * sqrt(5))}，即：

$$\left\{z(x)=1+x-\frac{2}{5}e^{-\frac{1}{2}x}\sqrt{5}\sinh\left(\frac{\sqrt{5}x}{2}\right),\right.$$

$$\left.y(x)=1+\frac{1}{5}e^{-\frac{1}{2}x}\left(-5\sinh\left(\frac{\sqrt{5}x}{2}\right)+\sqrt{5}\sinh\left(\frac{\sqrt{5}x}{2}\right)\right)\right\}.$$

习 题 5.3

1. 用消去法求解下列方程组.

(1) $\dot{x}=y,\dot{y}=x$；

(2) $\dot{x}=y,\dot{y}=-x$；

(3) $\ddot{x}=y,\ddot{y}=x$；

(4) $\dot{x}=x-5y,\dot{y}=2x-y$；

(5) $\dot{x}=3x+5y,\dot{y}=-5x+3y$；

(6) $\dot{x}=3x-y,\dot{y}=x+y$.

2. 求下列初值问题的解.

(1) $\begin{cases}x'=x+y, x(0)=2,\\ y'=4x+y, y(0)=3;\end{cases}$

(2) $\begin{cases}x'=x-y, x(0)=1,\\ y'=5x-3y, y(0)=2;\end{cases}$

(3) $\begin{cases}x'=4x+5y+4e^{t}\cos t, x(0)=0,\\ y'=-2x-2y, y(0)=0;\end{cases}$

(4) $\begin{cases}x'=2x-5y+\sin t, x(0)=0,\\ y'=x-2y+\tan t, y(0)=0.\end{cases}$

3. 用拉氏变换求解下式.

(1) $y''-y'-6y=0;y(0)=1,y'(0)=-1$.

(2) $y''+3y'+2y=0;y(0)=1,y'(0)=0$.

(3) $y''+\omega^{2}y=\cos 2t(\omega^{2}\neq 4);y(0)=1,y'(0)=0$.

(4) $y''-2y'+2y=e^{-t};y(0)=0,y'(0)=1$.

(5) $y''-4y'+4y=0;y(0)=1,y'(0)=1.$

(6) $y^{(4)}-4y'''+6y''-4y'+y=0;y(0)=y''(0)=0,y'(0)=y'''(0)=1.$

(7) $y''+4y=\cos 2t;y(0)=1,y'(0)=0.$

5.4　首次积分法

考虑一阶微分方程组

$$\begin{cases}\dfrac{dy_1}{dx}=f_1(x,y_1,y_2,\cdots,y_n),\\ \dfrac{dy_2}{dx}=f_2(x,y_1,y_2,\cdots,y_n),\\ \quad\cdots\cdots\\ \dfrac{dy_n}{dx}=f_n(x,y_1,y_2,\cdots,y_n).\end{cases}\tag{5-4-1}$$

我们往往把方程组(5-4-1)中一部分或全部方程进行重新组合，引进新的变量代换，以获得只含一个未知函数和一个自变量的一阶方程.

定义 5.4.1　假设函数 $f_i(x,y_1,y_2,\cdots,y_n)(i=1,\cdots,n)$ 和 $\Phi(x,y_1,y_2,\cdots,y_n)$ 均于 $x,y_1,\cdots,y_n$ 空间的域 D 内连续可微. 如果 $\Phi(x,y_1,y_2,\cdots,y_n)$ 不恒等于一个常数，且对方程组(5-4-1)的任一解 $y_1=y_1(x),y_2=y_2(x),\cdots,y_n=y_n(x)$ 在 $x\in I$ 上恒有 $\Phi(x,y_1,y_2,\cdots,y_n)\equiv c$，其中 c 为某一常数，那么称 $\Phi(x,y_1,y_2,\cdots,y_n)(\equiv c)$ 为方程组(5-4-1)于域 D 内的一个**首次积分**.

定理 5.4.1　设 $\Phi(x,y_1,y_2,\cdots,y_n)$ 是连续可微的函数，但不是常值函数. 则

$$\Phi(x,y_1,y_2,\cdots,y_n)=c\tag{5-4-2}$$

是微分方程组(5-4-1)的一个首次积分当且仅当恒等式

$$\frac{\partial\Phi}{\partial x}+\frac{\partial\Phi}{\partial y_1}f_1+\cdots+\frac{\partial\Phi}{\partial y_n}f_n\equiv 0\tag{5-4-3}$$

对 $(x,y_1,y_2,\cdots,y_n)\in D$ 成立.

证明　设式(5-4-2)是微分方程组(5-4-1)的一个首次积分，则

$$\Phi(x,y_1,y_2,\cdots,y_n)=c,(x,y_1,y_2,\cdots,y_n)\in\Gamma,\tag{5-4-4}$$

其中 $\Gamma\subset D$ 是微分方程组(5-4-1)的任意一条积分曲线，而 c 是一个与积分曲线 Γ 有关的常数. 由此推出

$$\Phi'_x+\Phi'_{y_1}y'_1(x)+\cdots+\Phi'_{y_n}y'_n(x)=0,(x,y_1,y_2,\cdots,y_n)\in\Gamma,$$

它等价于

$$\Phi'_x+\Phi'_{y_1}f_1+\cdots+\Phi'_{y_n}f_n=0,(x,y_1,y_2,\cdots,y_n)\in\Gamma.\tag{5-4-5}$$

因为通过区域 D 内任意一点方程组(5-4-1)有且只有一条积分曲线通过，所以由式

(5-4-5) 推出式(5-4-3) 在区域 D 内成立.

反之，设恒等式(5-4-3) 在区域 D 内成立，则式(5-4-5) 成立.然后逆向推导，推出式(5-4-4) 成立.由此可见，式(5-4-2) 是一个首次积分.

定理 5.4.2 设式(5-4-2) 是微分方程组(5-4-1) 的一个首次积分，则用消元法可以把微分方程组(5-4-1) 未知函数的个数减少一个（即把微分方程组(5-4-1) 的阶从 n 降低到 $n-1$).

证明 由首次积分 $\Phi(x,y_1,y_2,\cdots,y_n)=c$ 的定义可知 $\dfrac{\partial\Phi}{\partial y_1},\cdots,\dfrac{\partial\Phi}{\partial y_n}$ 不能同时为零.因此，不妨设 $\dfrac{\partial\Phi}{\partial y_n}\neq 0$.然后，利用首次积分 $\Phi(x,y_1,y_2,\cdots,y_n)=c$ 可解得

$$y_n=u(x,y_1,y_2,\cdots,y_{n-1},c), \tag{5-4-6}$$

而且它有偏导数

$$\frac{\partial u}{\partial x}=-\frac{\partial\Phi}{\partial x}\Big/\frac{\partial\Phi}{\partial y_n},\frac{\partial u}{\partial y_i}=-\frac{\partial\Phi}{\partial y_i}\Big/\frac{\partial\Phi}{\partial y_n},\quad i=1,\cdots,n-1. \tag{5-4-7}$$

现在，把式（5-4-6）代入微分方程组(5-4-1) 的前 $n-1$ 个等式，显然有

$$\frac{\mathrm{d}y_j}{\mathrm{d}x}=f_j(x,y_1,\cdots,y_{n-1},u(x,y_1,y_2,\cdots,y_{n-1},c)),j=1,\cdots,n-1. \tag{5-4-8}$$

这是 $n-1$ 阶的方程组.假设 $y_1=y_1(x),y_2=y_2(x),\cdots,y_{n-1}=y_{n-1}(x)$是它的解.要证：

$$\begin{cases}y_1=y_1(x),y_2=y_2(x),\cdots,y_{n-1}=y_{n-1}(x),\\ y_n=u(x,y_1,y_2,\cdots,y_{n-1},c)\end{cases} \tag{5-4-9}$$

是微分方程组(5-4-1) 的解.

事实上，由式(5-4-8) 推出式(5-4-9) 满足微分方程组(5-4-1) 的前 $n-1$ 个等式.所以只需要证明式(5-4-9) 满足微分方程组(5-4-1) 的第 n 个等式.其实，我们有

$$\frac{\mathrm{d}y_n}{\mathrm{d}x}=\frac{\partial u}{\partial x}+\frac{\partial u}{\partial y_1}y_1'(x)+\cdots+\frac{\partial u}{\partial y_{n-1}}y_{n-1}'(x)=\frac{\partial u}{\partial x}+\frac{\partial u}{\partial y_1}f_1(x)+\cdots+\frac{\partial u}{\partial y_{n-1}}f_{n-1}(x),$$

它与式(5-4-7) 和首次积分的充分必要条件（5-4-3）蕴含

$$\frac{\mathrm{d}y_n}{\mathrm{d}x}=-\left(\frac{\partial\Phi}{\partial x}+\frac{\partial\Phi}{\partial y_1}f_1(x)+\cdots+\frac{\partial\Phi}{\partial y_{n-1}}f_{n-1}(x)\right)\Big/\frac{\partial\Phi}{\partial y_n}=f_n,$$

其中$(x,y_1,y_2,\cdots,y_n)$由式(5-4-9) 决定.

下面两个定理不再证明，有兴趣的读者可以参阅相关文献.

定理 5.4.3 设已知

$$\Phi_i(x,y_1,y_2,\cdots,y_n)=c_i,i=1,\cdots,n \tag{5-4-10}$$

是微分方程组(5-4-1) 的 n 个独立的首次积分，则雅可比（Jacobi）行列式

$$\frac{D(\Phi_1,\cdots,\Phi_n)}{D(y_1,\cdots,y_n)}=\begin{vmatrix}\frac{\partial\Phi_1}{\partial y_1} & \cdots & \frac{\partial\Phi_1}{\partial y_n}\\ \vdots & & \vdots\\ \frac{\partial\Phi_n}{\partial y_1} & \cdots & \frac{\partial\Phi_n}{\partial y_n}\end{vmatrix}\neq 0.$$

所以首次积分式(5-4-10) 规定的隐函数

$$y_i=\psi_i(x,c_1,\cdots,c_n),i=1,\cdots,n \tag{5-4-11}$$

是微分方程组(5-4-1) 的通解（其中包含 n 个任意常数，故为通解）.

定理 5.4.4　微分方程组(5-4-1) 在其右端函数连续可微的区域 $D\subset\mathbb{R}^1\times\mathbb{R}^n$ 上有且仅有 n 个独立的首次积分.

【例 5.4.1】　求解方程组

$$A\frac{\mathrm{d}p}{\mathrm{d}t}=(B-C)qr,B\frac{\mathrm{d}q}{\mathrm{d}t}=(C-A)rp,C\frac{\mathrm{d}r}{\mathrm{d}t}=(A-B)pq. \tag{5-4-12}$$

其中 $A>B>C$ 是刚体绕其惯性主轴的转动惯量，p,q,r 是瞬时速度向量在三坐标轴上的分量.

解　由轮换性质，以 p,q,r 分别乘第一、二、三方程的两边，再相加，得

$$Ap\frac{\mathrm{d}p}{\mathrm{d}t}+Bq\frac{\mathrm{d}q}{\mathrm{d}t}+Cr\frac{\mathrm{d}r}{\mathrm{d}t}=(B-C)pqr+(C-A)pqr+(A-B)pqr=0.$$

从而我们得到

$$Ap^2+Bq^2+Cr^2=D_1, \tag{5-4-13}$$

式中，D_1 是任意常数. 再分别以 Ap,Bq,Cr 乘式(5-4-12) 的第一、二、三式的两边，再相加，得

$$A^2p\frac{\mathrm{d}p}{\mathrm{d}t}+B^2q\frac{\mathrm{d}q}{\mathrm{d}t}+C^2r\frac{\mathrm{d}r}{\mathrm{d}t}=[A(B-C)+B(C-A)+C(A-B)]pqr=0.$$

但等式左边是未知函数$(A^2p^2+B^2q^2+C^2r^2)/2$ 的导数，故积分后可得

$$A^2p^2+B^2q^2+C^2r^2=D_2, \tag{5-4-14}$$

式中，D_2 是任意常数. 利用首次积分式(5-4-13) 和式(5-4-14) 解出 p,q

$$p^2=\alpha r^2+a,q^2=\beta r^2+b, \tag{5-4-15}$$

式中，α,β 是固定的常数；a,b 是任意常数，它们可以由 D_1,D_2 表示. 把式(5-4-15) 代入式(5-4-12) 的第三个方程的右端，即得只含未知函数 r 的方程

$$\frac{\mathrm{d}r}{\mathrm{d}t}=\frac{A-B}{C}\sqrt{(\alpha r^2+a)(-\beta r^2+b)}.$$

这是一个变量分离方程. 由此积分可以把 r 表示为 t 的椭圆函数

$$\int\frac{\mathrm{d}r}{\sqrt{(\alpha r^2+a)(\beta r^2+b)}}=\frac{A-B}{C}t+c. \tag{5-4-16}$$

式中，$\alpha=\frac{C(B-C)}{A(A-B)}>0,\beta=\frac{C(A-C)}{B(A-B)}>0.$

为了对式(5-4-1)施行初等积分法，有时需要把 $x, y_1, y_2, \cdots, y_n$ 同等看待，并将式(5-4-1)改写为：

$$\mathrm{d}x=\frac{\mathrm{d}y_1}{f_1(x,y_1,y_2,\cdots,y_n)}=\frac{\mathrm{d}y_2}{f_2(x,y_1,y_2,\cdots,y_n)}=\cdots=\frac{\mathrm{d}y_n}{f_n(x,y_1,y_2,\cdots,y_n)}. \tag{5-4-17}$$

这样就可以利用熟知的关于比例的性质.

【例 5. 4. 2】 求解**庞加莱（Poincaré）方程组**

$$\dot{x}=-y+x(x^2+y^2-1),\dot{y}=x+y(x^2+y^2-1),(x,y)\in\mathbb{R}^2. \tag{5-4-18}$$

解 由方程(5-4-18)可得

$$\frac{1}{2}\frac{\mathrm{d}(x^2+y^2)}{\mathrm{d}t}=(x^2+y^2)(x^2+y^2-1),$$

从而

$$\frac{\mathrm{d}(x^2+y^2)}{(x^2+y^2)(x^2+y^2-1)}=2\mathrm{d}t,$$

即

$$\frac{\mathrm{d}(x^2+y^2)}{(x^2+y^2-1)}-\frac{\mathrm{d}(x^2+y^2)}{(x^2+y^2)}=2\mathrm{d}t.$$

由此取不定积分得到一个首次积分 $\ln|x^2+y^2-1|-\ln|x^2+y^2|=2t+\ln|c_1|$；或

$$\frac{x^2+y^2-1}{x^2+y^2}\mathrm{e}^{-2t}=c_1, \tag{5-4-19}$$

式中，c_1 为任意常数.

另一方面，再由方程(5-4-18)可得 $y\dot{x}-x\dot{y}=-(x^2+y^2)$，或 $\frac{x\mathrm{d}y-y\mathrm{d}x}{x^2+y^2}=\mathrm{d}t$，即

$$\frac{\mathrm{d}\left(\frac{y}{x}\right)}{1+\left(\frac{y}{x}\right)^2}=\mathrm{d}t.$$

由此得到另一个首次积分

$$\arctan\frac{y}{x}-t=c_2, \tag{5-4-20}$$

式中，c_2 为任意常数.

我们可以从首次积分式(5-4-19)和式(5-4-20)利用隐函数得到 **Poincaré** 方程组的通解

$$x=x(t,c_1,c_2),y=y(t,c_1,c_2), \tag{5-4-21}$$

式中，c_1,c_2 是两个任意常数. 一般来说，通解（5-4-21）的存在区间与初值（或任意常数 c_1,c_2）有关；这是非线性微分方程组通解的一般性质. 另一方面，如果采用极坐标 $r=\sqrt{x^2+y^2}$，$\theta=\arctan\frac{y}{x}$，则由首次积分式(5-4-19)和式(5-4-20)可

推出

$$\frac{r^2-1}{r^2}e^{-2t}=c_1, \theta-t=c_2;$$

由此得到 **Poincaré** 方程组的通解 $r=\frac{1}{\sqrt{|1-c_1e^{2t}|}}, \theta=t+c_2$，其中 c_1, c_2 为任意常数.

【例 5.4.3】 求解微分方程组

$$(z-y)^2\frac{dy}{dx}=z, (z-y)^2\frac{dz}{dx}=y, (x,y,z)\in\mathbb{R}^3. \tag{5-4-22}$$

解　微分方程组(5-4-22) 可以化成下面的形式

$$\frac{dx}{(z-y)^2}=\frac{dy}{z}=\frac{dz}{y}. \tag{5-4-23}$$

式(5-4-23) 比式(5-4-22) 更广泛，理由是它没有预先指定谁是自变量，谁是函数. 因此，在式(5-4-23) 中可以自由地选取三个变量中的任何一个为自变量，而把其余的变量当作未知函数. 在这种意义下，称微分方程组(5-4-23) 在形式上是对称的.

由式(5-4-23) 中的第二个等号可推出 $ydy-zdz=0$. 因此，得到一个首次积分

$$y^2-z^2=c_1, \tag{5-4-24}$$

另外，由微分方程组(5-4-23) 可推出

$$\frac{dx}{(z-y)^2}=\frac{dy-dz}{z-y}. \tag{5-4-25}$$

从而，有 $dx+(z-y)d(z-y)=0$. 由此得到微分方程组(5-4-24) 的另一个首次积分

$$2x+(z-y)^2=c_2. \tag{5-4-26}$$

最后，由首次积分式(5-4-24) 和式(5-4-26) 可得原方程组的通解.

【例 5.4.4】 求解微分方程组

$$\frac{dy}{dx}=1-\frac{1}{z}, \frac{dz}{dx}=\frac{1}{y-x}, (x,y,z)\in\mathbb{R}^3. \tag{5-4-27}$$

解　式(5-4-27) 可以写为

$$d(y-x)=-\frac{dx}{z}, \frac{dx}{y-x}=dz, (x,y,z)\in\mathbb{R}^3. \tag{5-4-28}$$

由此可推出

$$\frac{d(y-x)}{y-x}+\frac{dz}{z}=0.$$

则可得一个首次积分

$$(y-x)z=c_1. \tag{5-4-29}$$

再与式(5-4-28) 的第二个式子结合，得到 $dx=c_1\frac{dz}{z}$，由不定积分可推出 $z=c_2e^{\frac{x}{c_1}}$.

从式(5-4-29)可得到微分方程组(5-4-27)的第二个首次积分

$$z e^{\frac{-x}{z(y-x)}}=c_2. \tag{5-4-30}$$

从首次积分式(5-4-29)和式(5-4-30)可得微分方程组(5-4-27)的通解

$$y=x+\frac{c_1}{c_2}e^{-\frac{x}{c_1}}, z=c_2 e^{\frac{x}{c_1}},$$

式中，$c_1 \neq 0$ 和 $c_2 \neq 0$ 是任意常数.

【例 5.4.5】 求解关于"二体问题"的微分方程组

$$\ddot{x}+\frac{\mu x}{(x^2+y^2+z^2)^{\frac{3}{2}}}=0, \ddot{y}+\frac{\mu y}{(x^2+y^2+z^2)^{\frac{3}{2}}}=0, \ddot{z}+\frac{\mu z}{(x^2+y^2+z^2)^{\frac{3}{2}}}=0, \tag{5-4-31}$$

式中，参数 $\mu>0$.

解 利用微分方程组(5-4-31)的对称性可得 $y\ddot{z}-z\ddot{y}=0, z\ddot{x}-x\ddot{z}=0, x\ddot{y}-y\ddot{x}=0$. 从而可分别得到三个首次积分

$$y\dot{z}-z\dot{y}=A, z\dot{x}-x\dot{z}=B, x\dot{y}-y\dot{x}=C, \tag{5-4-32}$$

式中，A, B, C 是任意常数（不妨设 $C>0$）. 由此推出

$$Ax+By+Cz=0. \tag{5-4-33}$$

这就是说，行星 P 运动的位置（$x=x(t), y=y(t), z=z(t)$）在任何时刻 t 都在平面（5-4-33）上（注意太阳的位置恰是平面（5-4-33）的原点）. 因为我们已经设 $C>0$，所以不妨假定平面（5-4-33）的位置与 $z=0$ 是重合的（即二体问题的运动满足 $z(t)\equiv 0$）. 从而二体问题的运动方程变成

$$\ddot{x}+\frac{\mu x}{(x^2+y^2)^{\frac{3}{2}}}=0, \ddot{y}+\frac{\mu y}{(x^2+y^2)^{\frac{3}{2}}}=0. \tag{5-4-34}$$

由此推出$(\dot{x}\ddot{x}+\dot{y}\ddot{y})+\mu(x\dot{x}+y\dot{y})(x^2+y^2)^{-\frac{3}{2}}=0$,即

$$\frac{d}{dt}(\dot{x}^2+\dot{y}^2)-2\mu\frac{d}{dt}(x^2+y^2)^{-\frac{1}{2}}=0.$$

因此，我们得到微分方程组(5-4-34)的一个首次积分

$$(\dot{x}^2+\dot{y}^2)-2\mu(x^2+y^2)^{-\frac{1}{2}}=D. \tag{5-4-35}$$

式中，D 是一个任意常数. 利用首次积分（5-4-35）的极坐标形式，可推出

$$\dot{r}^2+r^2\dot{\theta}^2-\frac{2\mu}{r}=D. \tag{5-4-36}$$

另一方面，我们易知首次积分 $x\dot{y}-y\dot{x}=C$ 的极坐标形式为

$$r^2\dot{\theta}=C>0. \tag{5-4-37}$$

然后，由首次积分式(5-4-36)和式(5-4-37)推出

$$\frac{dr}{d\theta}=\pm\frac{r^2}{C}\sqrt{D+\frac{2\mu}{r}-\left(\frac{C}{r}\right)^2}.$$

它蕴含

$$\pm\frac{\mathrm{d}\left(\frac{C}{r}\right)}{\sqrt{D+\left(\frac{\mu}{C}\right)^2-\left(\frac{C}{r}-\frac{\mu}{C}\right)^2}}=\mathrm{d}\theta.$$

再取不定积分得到

$$\arccos\left(\frac{\frac{C}{r}-\frac{\mu}{C}}{\sqrt{D+\left(\frac{\mu}{C}\right)^2}}\right)=\theta-\theta_0.$$

由此可得

$$r=\frac{C^2}{\mu\left(1+\frac{C}{\mu}\sqrt{D+\left(\frac{\mu}{C}\right)^2}\cdot\cos(\theta-\theta_0)\right)}.$$

这是行星 P 运动方程的极坐标形式. 由平面解析几何学知道，它的轨迹是一条二次曲线，其离心率为

$$e=\frac{C}{\mu}\sqrt{D+\left(\frac{\mu}{C}\right)^2}>0.$$

易知，当 $e<1$ 时，行星的轨道是椭圆；当 $e=1$ 时，行星的轨道是抛物线；当 $e>1$ 时，行星的轨道是双曲线. 这是对二体问题的一般解答，它符合天文学的观察.

习 题 5.4

求下列方程组的首次积分.

(1) $x'=y, y'=-x$；

(2) $\frac{\mathrm{d}x}{1}=\frac{\mathrm{d}y}{\sqrt{z-x-y}}=\frac{\mathrm{d}z}{2}$；

(3) $\frac{\mathrm{d}x}{x^2-y^2-z^2}=\frac{\mathrm{d}y}{2xy}=\frac{\mathrm{d}z}{2xz}$；

(4) $\frac{\mathrm{d}x}{xz}=\frac{\mathrm{d}y}{yz}=\frac{\mathrm{d}z}{xy}$；

(5) $\frac{A\mathrm{d}x}{(B-C)yz}=\frac{B\mathrm{d}y}{(C-A)zx}=\frac{C\mathrm{d}z}{(A-B)yx}$；

(6) $\dot{x}=y-x(x^2+y^2-1), \dot{y}=-x-y(x^2+y^2-1)$；

(7) $(z-y)^2y'=z, (z-y)^2z'=y$；

(8) $\dot{x}=y-z, \dot{y}=z-x, \dot{z}=x-y$.

第6章 定性和稳定性理论初步

微分方程理论的主要任务在于求解和确定解的各种属性. 19 世纪中叶，通过刘维尔的工作，人们意识到绝大多数的微分方程无法通过初等积分方法求解，这对微分方程理论的发展产生了极大影响，使微分方程的研究发生了一个转折. 既然初等积分法存在不可克服的局限性，那么从微分方程的结构来研究解的性质，或者研究由微分方程所确定的曲线的分布情形就变得十分必要. 定性理论和稳定性理论正是在这种背景下逐步建立起来的. 前者由法国数学家庞加莱（**Poincaré**，1854—1912）在 19 世纪 80 年代创立；后者由俄国数学家李雅普诺夫（**Liapunov**，1857—1918）在同时期创立. 其特点是可在不求解方程的情况下，直接从方程本身的结构和特点来推断其解的性质.

6.1 稳定性

稳定性这个词最早出现在力学中，它描述了一个刚体运动的平衡状态. 我们称一个平衡状态为稳定的，指的是刚体在干扰的作用下从平衡位置偏移后，仍能回到平衡位置. 反之，如果它趋于一个新的位置，这时的平衡状态是不稳定的.

运动系统的稳定性是平衡稳定性概念的推广. 李雅普诺夫意义下的运动稳定性理论，研究小扰动对系统运动的影响. 运动稳定性有重要的理论和实际意义，在自然科学与工程技术领域受到人们的普遍关注.

考虑微分方程组

$$\dot{\boldsymbol{x}}=\boldsymbol{f}(t,\boldsymbol{x}) \tag{6-1-1}$$

式中，$\boldsymbol{f}(t,\boldsymbol{x})$关于$t,\boldsymbol{x}$ 连续（$(t,\boldsymbol{x})\in D\subseteq\mathbb{R}\times\mathbb{R}^n$），关于 $\boldsymbol{x}$ 满足局部利普希茨条件，从而满足存在唯一性定理的条件. 当方程组(6-1-1）的右端函数显含自变量 t 时，称为**非自治系统**；否则，称为**自治系统**. 假设$(t_0,\boldsymbol{x}_1)\in D$ 及$(t_0,\boldsymbol{x}_0)\in D$，方程组(6-1-1）的解分别为 $\boldsymbol{x}=\boldsymbol{\varphi}(t,t_0,\boldsymbol{x}_1)$和 $\boldsymbol{x}=\boldsymbol{x}(t,t_0,\boldsymbol{x}_0)$. 我们关心的是：当$\|\boldsymbol{x}_0-\boldsymbol{x}_1\|$很小时，$\|\boldsymbol{x}(t,t_0,\boldsymbol{x}_0)-\boldsymbol{\varphi}(t,t_0,\boldsymbol{x}_1)\|$的变化是否也很小？其中 $\boldsymbol{x}=(x_1,\cdots,x_n)^{\mathrm{T}}$ 的范数取作 $\|\boldsymbol{x}\|=\sqrt{\sum_{i=1}^{n}x_i^{\ 2}}$. 这在解的存在区域为有限闭区域时，即为解对初值的连续依赖性问题. 现在我们考虑解的存在区域为无穷区域，即为李雅普诺夫意义下的稳定性问题.

如果对于任意给定的 $\varepsilon>0$ 和 $t_0\geqslant 0$，都存在 $\delta=\delta(t_0,\varepsilon)>0$，使得只要 $\boldsymbol{x}_0$ 适合 $\|\boldsymbol{x}_0-\boldsymbol{x}_1\|<\delta$ 就有 $\|\boldsymbol{x}(t,t_0,\boldsymbol{x}_0)-\boldsymbol{\varphi}(t,t_0,\boldsymbol{x}_1)\|<\varepsilon\ (t\geqslant t_0)$，则称方程组 (6-1-1) 的解 $\boldsymbol{x}=\boldsymbol{\varphi}(t,t_0,\boldsymbol{x}_1)$ 是**稳定的**. 否则称为是**不稳定的**. 假设 $\boldsymbol{x}=\boldsymbol{\varphi}(t,t_0,\boldsymbol{x}_1)$ 是稳定的且存在 $\delta_1(0<\delta_1\leqslant\delta)$，使得只要 $\|\boldsymbol{x}_0-\boldsymbol{x}_1\|<\delta_1$，就有 $\lim\limits_{t\to\infty}\|\boldsymbol{x}(t,t_0,\boldsymbol{x}_0)-\boldsymbol{\varphi}(t,t_0,\boldsymbol{x}_1)\|=0$，则称方程组 (6-1-1) 的解 $\boldsymbol{x}=\boldsymbol{\varphi}(t,t_0,\boldsymbol{x}_1)$ 是**渐近稳定的**.

为便于讨论，将解 $\boldsymbol{x}=\boldsymbol{\varphi}(t,t_0,\boldsymbol{x}_1)$ 的稳定性问题化为零解的稳定性问题. 令 $\boldsymbol{x}(t)=\boldsymbol{x}(t,t_0,\boldsymbol{x}_0),\boldsymbol{\varphi}(t)=\boldsymbol{\varphi}(t,t_0,\boldsymbol{x}_1)$，作代换

$$\boldsymbol{y}=\boldsymbol{x}(t)-\boldsymbol{\varphi}(t) \tag{6-1-2}$$

则

$$\dot{\boldsymbol{y}}=\boldsymbol{f}(t,\boldsymbol{y}+\boldsymbol{\varphi}(t))-\boldsymbol{f}(t,\boldsymbol{\varphi}(t))\triangleq\boldsymbol{F}(t,\boldsymbol{y}) \tag{6-1-3}$$

这样我们只需讨论方程组 (6-1-3) 在原点的稳定性问题. 不失一般性，在下文中只考虑方程组 (6-1-1) 的零解 $\boldsymbol{x}=\boldsymbol{0}$ 的稳定性，即假设 $\boldsymbol{f}(t,\boldsymbol{0})\equiv\boldsymbol{0}$，并有如下定义：

定义 6.1.1 若对任意 $\varepsilon>0$ 和 $t_0\geqslant 0$，存在 $\delta=\delta(t_0,\varepsilon)>0$，使当 $\|\boldsymbol{x}_0\|<\delta$ 时对所有的 $t\geqslant t_0$ 有 $\|\boldsymbol{x}(t,t_0,\boldsymbol{x}_0)\|<\varepsilon$ 成立，则称方程组(6-1-1) 的零解 $\boldsymbol{x}=\boldsymbol{0}$ 是（在李雅普诺夫意义下）**稳定的**. 反之，称之为**不稳定的**.

定义 6.1.2 若方程组(6-1-1) 的零解 $\boldsymbol{x}=\boldsymbol{0}$ 是稳定的，且存在 $\delta_1>0$，则只要 $\|\boldsymbol{x}_0\|<\delta_1$，就有 $\lim\limits_{t\to+\infty}\boldsymbol{x}(t,t_0,x_0)=0$，则称零解 $\boldsymbol{x}=\boldsymbol{0}$ 是（在李雅普诺夫意义下）**渐近稳定的**.

有关稳定和渐近稳定的示意图，如图 6.1.1、图 6.1.2 所示.

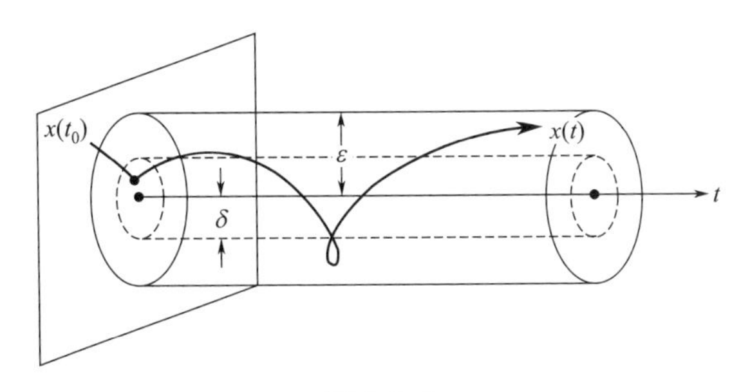

图 6.1.1

【例 6.1.1】 考察方程 $\dot{x}=\lambda x\ (\lambda\in\mathbb{R})$ 的零解的稳定性.

解 它的一般解为 $x(t,t_0,x_0)=x_0\exp(\lambda(t-t_0))$. 当 $\lambda=0$ 时，$x(t,t_0,x_0)=x_0$，此时零解稳定，但非渐近稳定；当 $\lambda<0$ 时，零解渐近稳定；当 $\lambda>0$ 时，零解不稳定.

【例 6.1.2】 考察系统 $\dot{x}=-y,\dot{y}=x$ 的零解的稳定性.

解 以 $(0,x_0,y_0)$ 为初值的解为 $x(t)=x_0\cos t+y_0\sin t,y(t)=-x_0\sin t+y_0\cos t$. 对于任意的 $\varepsilon>0$，取 $\delta=\varepsilon$，如果 $\sqrt{x_0^2+y_0^2}<\delta$，那么当 $t\geqslant 0$ 时，有

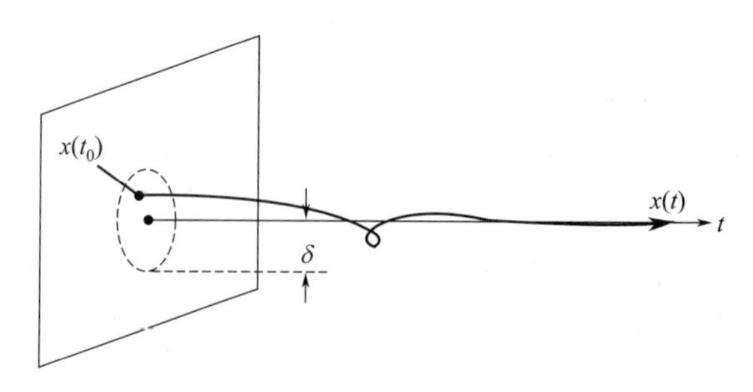

图 6.1.2

$$[x^2(t)+y^2(t)]^{\frac{1}{2}}=\sqrt{x_0^2+y_0^2}<\delta=\varepsilon.$$

故该系统的零解是稳定的.

但是 $\lim\limits_{t\to+\infty}[x^2(t)+y^2(t)]^{\frac{1}{2}}=(x_0^2+y_0^2)^{\frac{1}{2}}\neq 0$，所以该系统的零解不是渐近稳定的.

【例 6.1.3】 考察系统 $\dot{x}=-x, \dot{y}=-y$ 的零解的稳定性.

解 以 $(0,x_0,y_0)$ 为初值的解为 $x(t)=x_0\mathrm{e}^{-t}, y(t)=y_0\mathrm{e}^{-t}$，这里 x_0, y_0 不全为零.

对于任意 $\varepsilon>0$，存在 $\delta=\varepsilon$，如果 $\sqrt{x_0^2+y_0^2}<\delta$，那么当 $t\geqslant 0$ 时

$$\sqrt{x^2(t)+y^2(t)}=(x_0^2+y_0^2)^{\frac{1}{2}}\mathrm{e}^{-t}\leqslant(x_0^2+y_0^2)^{\frac{1}{2}}<\delta=\varepsilon.$$

故该系统的零解是稳定的.

又因为 $\lim\limits_{t\to\infty}[x^2(t)+y^2(t)]^{\frac{1}{2}}=\lim\limits_{t\to\infty}[\mathrm{e}^{-2t}(x_0^2+y_0^2)]^{\frac{1}{2}}=0$，可见该系统的零解渐近稳定.

【例 6.1.4】 考察系统 $\dot{x}=x, \dot{y}=y$ 的零解的稳定性.

解 以 $(0,x_0,y_0)$ 为初值的解为 $x(t)=x_0\mathrm{e}^{t}, y(t)=y_0\mathrm{e}^{t}$，其中 x_0, y_0 不全为零. 注意到

$$\lim_{t\to+\infty}[x^2(t)+y^2(t)]^{\frac{1}{2}}\mathrm{e}^{t}=(x_0^2+y_0^2)^{\frac{1}{2}}\mathrm{e}^{t}\neq 0.$$

由于指数函数随 t 的递增而无限地增大. 因此，对于任意 $\varepsilon>0$，无论 $(x_0^2+y_0^2)^{\frac{1}{2}}$ 取得如何小，只要 t 取得足够大时，就无法保证 $(x_0^2+y_0^2)^{\frac{1}{2}}$ 小于预先给定的正数 ε，所以该系统的零解是不稳定的.

定理 6.1.1 考虑常系数线性微分方程组

$$\dot{\boldsymbol{x}}=\boldsymbol{A}\boldsymbol{x}, \tag{6-1-4}$$

其中 $\boldsymbol{x}\in\mathbb{R}^n$，$\boldsymbol{A}$ 为 n 阶方阵. 证明：若 $\boldsymbol{A}$ 的所有特征根都具有严格负实部，则方程的零解是渐近稳定的.

证明 取初始时刻 $t_0=0$，设 $\boldsymbol{\Phi}(t)$ 是方程(6-1-4) 的标准基本解矩阵，则其满

足 $\boldsymbol{x}(0)=\boldsymbol{x}_0$ 的解 $\boldsymbol{x}(t)$ 可写成 $\boldsymbol{x}(t)=\boldsymbol{\Phi}(t)x_0$. 根据 $\boldsymbol{A}$ 的所有特征根都具有负实部知

$$\lim_{t\to+\infty}\|\boldsymbol{\Phi}(t)\|=0. \tag{6-1-5}$$

故存在 $t_1>0$，使 $t\geqslant t_1$ 时 $\|\boldsymbol{\Phi}(t)\|<1$. 从而对任意 $\varepsilon>0$，取 $\delta_0=\varepsilon$，则当 $\|\boldsymbol{x}_0\|<\delta_0$ 时，$\|\boldsymbol{x}(t)\|\leqslant\|\boldsymbol{\Phi}(t)\|\|\boldsymbol{x}_0\|\leqslant\|\boldsymbol{x}_0\|<\varepsilon, t\geqslant t_1$；当 $t\in[0,t_1]$时，由解对初值的连续依赖性定理，对上述 $\varepsilon>0$，存在 $\delta_1>0$，当 $\|\boldsymbol{x}_0\|<\delta_1$ 时，$\|\boldsymbol{x}(t)\|<\varepsilon, t\in[0,t_1]$. 综上所述，取 $\delta=\min\{\delta_0,\delta_1\}$，当 $\|\boldsymbol{x}_0\|<\delta$ 时，有 $\|\boldsymbol{x}(t)\|<\varepsilon, t\geqslant 0$. 这说明 $\boldsymbol{x}=\boldsymbol{0}$ 是稳定的.

由式(6-1-5) 知，对任意 $\boldsymbol{x}_0$，有 $\lim\limits_{t\to+\infty}\boldsymbol{x}(t)=\lim\limits_{t\to+\infty}\boldsymbol{\Phi}(t)\boldsymbol{x}_0=\boldsymbol{0}$. 故 $\boldsymbol{x}=\boldsymbol{0}$ 是渐近稳定的.

对于线性系统(6-1-4)，我们有如下的结论.

定理 6.1.2 ① 若矩阵 $\boldsymbol{A}$ 的特征值均具有负实部，则系统(6-1-4) 的零解是渐近稳定的；

② 若矩阵 $\boldsymbol{A}$ 有实部为正数的特征根，则系统(6-1-4) 的零解是不稳定的；

③ 若矩阵 $\boldsymbol{A}$ 的特征根均为非正的且有零实部的特征值，要分两种情况：若实部为零的特征根所对应的约当块都是一阶的，则系统(6-1-4) 的零解是稳定的；若实部为零的特征根所对应的约当块中有高于一阶的，则系统(6-1-4) 的零解是不稳定的.

考虑一般的自治系统

$$\dot{\boldsymbol{x}}=\boldsymbol{f}(\boldsymbol{x}),\boldsymbol{f}(\boldsymbol{0})=\boldsymbol{0}, \tag{6-1-6}$$

其中 $\boldsymbol{f}(\boldsymbol{x})=\boldsymbol{A}\boldsymbol{x}+\boldsymbol{R}(\boldsymbol{x}),\lim\limits_{\boldsymbol{x}\to 0}\dfrac{\|\boldsymbol{R}(\boldsymbol{x})\|}{\|\boldsymbol{x}\|}=0.$

定理 6.1.3 当矩阵 $\boldsymbol{A}$ 的特征值均有负实部或矩阵 $\boldsymbol{A}$ 有正实部的特征根时，系统(6-1-6) 的零解与相应的线性系统(6-1-4) 的零解具有相同的稳定性和渐近稳定性.

当矩阵 $\boldsymbol{A}$ 的阶数过高时，它的特征方程

$$a_0\lambda^n+a_1\lambda^{n-1}+\cdots+a_{n-1}\lambda+a_n=0,(a_0>0) \tag{6-1-7}$$

没有一般的求解方法. 如何不解特征方程，而根据其系数判定特征根是否均有负实部，非常重要. 下面的定理解决了这个问题.

定理 6.1.4 **Routh-Hurwitz 判定定理** 令

$$\Delta_1=a_1,\ \Delta_2=\begin{vmatrix}a_1 & a_0\\ a_3 & a_2\end{vmatrix},\ \Delta_3=\begin{vmatrix}a_1 & a_0 & 0\\ a_3 & a_2 & a_1\\ a_5 & a_4 & a_3\end{vmatrix},\cdots,$$

$$\Delta_n=\begin{vmatrix} a_1 & a_0 & 0 & 0 & \cdots & 0 \\ a_3 & a_2 & a_1 & 0 & \cdots & 0 \\ \cdots & \cdots & \cdots & \cdots & \cdots & \cdots \\ a_{2n-1} & a_{2n-2} & a_{2n-3} & a_{2n-4} & \cdots & a_n \end{vmatrix}=a_n\Delta_{n-1}.$$

方程(6-1-7) 的一切根均具有负实部的充分必要条件是下列不等式同时成立：

$$\Delta_1>0,\Delta_2>0,\cdots,\Delta_{n-1}>0,a_n>0.$$

【例 6.1.5】 判断下面系统零解的稳定性

$$\begin{cases} y_1'=-2y_1+y_2-2y_3+2y_4, \\ y_2'=y_1-5y_2+3y_3+y_4, \\ y_3'=-2y_1+y_2-2y_3+y_4, \\ y_4'=-2y_1+y_2+3y_3-2y_4. \end{cases}$$

解 由于计算量很大，借助于 **Maple** 软件完成. 调用 **Maple** 软件的指令和结果如下：

```
with(linalg):                A:= matrix(4,4,[-2,1,-2,2,1,-5,3,1,-2,1,-2,1,-2,1,3,-2]):
B:= charmat(A,lambda):                poly1:= det(B);
a1:= coeff(poly1,lambda,3):           a2:= coeff(poly1,lambda,2):
a3:= coeff(poly1,lambda,1):           a4:= coeff(poly1,lambda,0):
H:= matrix(4,4,[a1,a3,0,0,1,a2,a4,0,0,a1,a3,0,0,1,a2,a4]):
HH1:= submatrix(H,1..1,1..1): HH2:= submatrix(H,1..2,1..2):
HH3:= submatrix(H,1..3,1..3): HH4:= submatrix(H,1..4,1..4):
H1:= det(HH1);H2:= det(HH2); H3:= det(HH3);H4:= det(HH4);
```

$Poly1:=\lambda^4+11\lambda^3+34\lambda^2+37\lambda+45.$

H1: =11, H2: =337, H3: =7024, H4: =316080.

所以，由 Routh-Hurwitz 判定定理可知，所给系统的零解是稳定的.

习 题 6.1

1. 讨论一阶方程 $\dot{x}=Ax+Bx^2,A>0,B>0$ 的常数解的稳定性.
2. 讨论一阶方程 $\dot{x}=-x^3$ 零解的稳定性.
3. 判定方程 $\dot{x}=ax$ (a 为常数) 零解的稳定性.
4. 判定系统

$$\begin{cases} \dot{x}=-2x+y-z+x^2\mathrm{e}^x, \\ \dot{y}=x-y+x^3y+z^2, \\ \dot{z}=x+y-z-\mathrm{e}^x(y^2+z^2) \end{cases}$$

零解的稳定性.

6.2　李雅普诺夫第二方法

前面我们介绍了稳定性概念，但是据此来判定系统解的稳定性需要了解方程解的形式，因此使用范围较小.

李雅普诺夫创立了处理稳定性问题的两种方法.

第一方法：利用微分方程的级数解，但这种方法未得到充分发展.

第二方法：在不求方程解的情况下，借助李雅普诺夫函数 $V(x)$ 和通过微分方程所计算出来的导数 $\frac{\mathrm{d}V}{\mathrm{d}t}$ 符号的性质，就能直接推断出解的稳定性，因此又称为**直接法**.

这里介绍李雅普诺夫第二方法.

考虑自治系统

$$\dot{\boldsymbol{x}}=\boldsymbol{f}(\boldsymbol{x}),\boldsymbol{x}\in G, \tag{6-2-1}$$

其中 $G\subseteq\mathbb{R}^n$ 为包含原点的非空开集，$\boldsymbol{f}(\boldsymbol{x})=(f_1(\boldsymbol{x}),\cdots,f_n(\boldsymbol{x}))^{\mathrm{T}}$ 满足局部利普希茨条件，且 $\boldsymbol{f}(\boldsymbol{0})=\boldsymbol{0}$.

定义 6.2.1　设 $G\subseteq\mathbb{R}^n$ 为包含原点的非空开集，考虑连续函数 $V:G\to\mathbb{R}$，满足 $V(\boldsymbol{0})=0$，并且当 $\boldsymbol{x}\neq\boldsymbol{0}$ 时，$V(\boldsymbol{x})>0$，则称函数 V 为**李雅普诺夫函数**. 设 $c>0$，则称曲面 $V(\boldsymbol{x})=c$ 为**李雅普诺夫曲面**.

设 V 为定义在 G 上的连续可微的李雅普诺夫函数，则它沿着系统(6-2-1) 解的导数为

$$\frac{\mathrm{d}}{\mathrm{d}t}V(\boldsymbol{x}(t))=\sum_{j=1}^{n}\frac{\partial V(\boldsymbol{x}(t))}{\partial x_j}x_j(t)=\sum_{j=1}^{n}\frac{\partial V(\boldsymbol{x}(t))}{\partial x_j}f_j(x).$$

定义 6.2.2　设 $G\subseteq\mathbb{R}^n$ 为包含原点的非空开集，考虑连续函数 $V:G\to\mathbb{R}$，如果 $V(\boldsymbol{0})=0$，且在 G 上有 $V(\boldsymbol{x})\geqslant0(\leqslant0)$，则称 $V(\boldsymbol{x})$ 是**常正（负）的**；若在 G 上除原点外总有 $V(\boldsymbol{x})>0(<0)$，则称 $V(\boldsymbol{x})$ 是**正（负）定的**；既不是常正又不是常负的函数称为**变号的**.

例如，在 x_1Ox_2 平面上 $V=x_1^2+x_2^2$ 为正定的（函数）；$V=-(x_1^2+x_2^2)$ 为负定的（函数）；$V=x_1^2-x_2^2$ 为变号的（函数）；$V=x_1^2$ 为常正函数.

下面给出正定函数的几何解释. 为简单起见，考虑二元函数.

二元正定函数 $V(x_1,x_2)$ 在三维空间 (x_1,x_2,V) 表示一个顶点在原点，开口向上的曲面. 当正数 $c>0$ 充分小，等值线 $V(x_1,x_2)=c$ 在 x_1Ox_2 平面上的投影是绕原点的一族闭曲线. 当 $c_2>c_1$ 时，曲线 $V(x_1,x_2)=c_2$ 在曲线 $V(x_1,x_2)=c_1$ 的外面；当 $c\to0$ 时，曲线 $V(x_1,x_2)=c$ 收缩到坐标原点. 见图 6.2.1.

对于负定函数 $V(x_1,x_2)$，可作类似的几何解释，只是曲面 $V(x_1,x_2)$ 将在坐

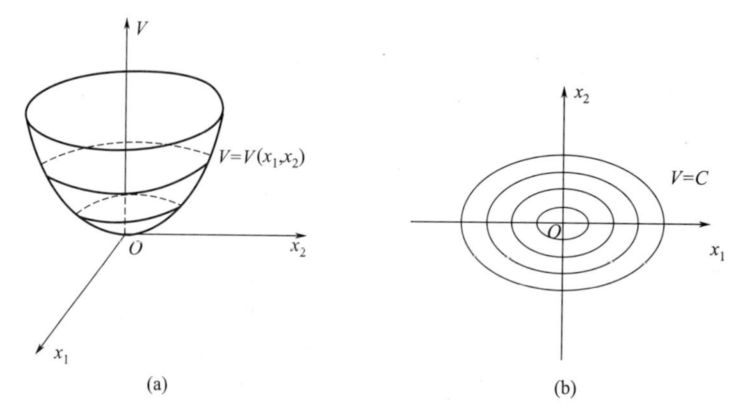

图 6.2.1

标面 x_1Ox_2 的下方.

对于变号函数 $V(x_1,x_2)$，它对应于这样的曲面，在原点 O 的任意小邻域，它既有在 x_1Ox_2 平面上方的点，又有在其下方的点.

定理 6.2.1 对于系统(6-2-1)，设 V 为定义在 G 上的连续可微李雅普诺夫函数，则

① 若 $\frac{\mathrm{d}}{\mathrm{d}t}V(\boldsymbol{x})$ 常负，则原点是稳定的.

② 若 $\frac{\mathrm{d}}{\mathrm{d}t}V(\boldsymbol{x})$ 负定，则原点是渐近稳定的.

证明 ① 取 $\eta>0$ 充分小，使得 $V_\eta=\{\boldsymbol{x}:V(\boldsymbol{x})<\eta\}\subset G$. 由于 V 为定义在 G 上的连续可微李雅普诺夫函数，因此 V_η 为原点附近的开邻域. 在 $V_\eta\subset G$ 内，根据条件 $\frac{\mathrm{d}}{\mathrm{d}t}V(\boldsymbol{x})\leqslant 0$，若 $x_0\in V_\eta$，在 $t=0$ 时过 x_0 的解 $\boldsymbol{x}(t)=\boldsymbol{x}(t,0,\boldsymbol{x}_0)$，$t\geqslant 0$ 不会离开 V_η. 对于任意 $\varepsilon>0$，可适当选取 $\eta>0$ 和 $\delta>0$ 使得 $\{\boldsymbol{x}:\|\boldsymbol{x}\|<\delta\}\subset V_\eta\subset\{\boldsymbol{x}:\|\boldsymbol{x}\|<\varepsilon\}$，因此原点是稳定的.

② 根据①，我们知道当 η 充分小时，解 $\boldsymbol{x}(t,0,\boldsymbol{x}_0),t\geqslant 0$ 始终留在 V_η. 在条件②下，$V(\boldsymbol{x}(t,0,\boldsymbol{x}_0))$ 为严格递减函数，从而有极限 $\lim\limits_{t\to+\infty}V(\boldsymbol{x}(t))=V^*$. 假设 $V^*>0$，令 $M=\{\boldsymbol{x}:V^*\leqslant V(\boldsymbol{x})\leqslant\eta\}$，它为不含原点的有界闭集，$\boldsymbol{x}(t)\in M$；对所有 $t\geqslant 0$，并且存在 $\alpha>0$，使得 $\max\limits_{x\in M}\frac{\mathrm{d}}{\mathrm{d}t}V(\boldsymbol{x})\leqslant-\alpha<0$. 这样 $\frac{\mathrm{d}}{\mathrm{d}t}V(\boldsymbol{x}(t))\leqslant-\alpha$，$t\geqslant 0$. 于是

$$V(\boldsymbol{x}(t))=V(\boldsymbol{x}_0)+\int_0^t\frac{\mathrm{d}}{\mathrm{d}t}V(\boldsymbol{x}(t))\mathrm{d}t\leqslant V(\boldsymbol{x}_0)-\alpha t.$$

当 $t\to+\infty$ 时，$V(\boldsymbol{x}(t))\to-\infty$. 这与 V 为李雅普诺夫函数矛盾. 因此，原点是渐近稳定的.

【例 6.2.1】 讨论系统

$$\begin{cases}\dot{x}=2y(z-1),\\ \dot{y}=-x(z-1),\\ \dot{z}=-x^2y^2z\end{cases}$$

零解的稳定性.

解 取 $V=x^2+2y^2+\frac{1}{2}z^2$，则沿着系统的解有 $\frac{\mathrm{d}}{\mathrm{d}t}V(x,y,z)=-x^2y^2z^2$. 根据定理 6.2.1，零解是稳定的.

【例 6.2.2】 考虑无阻尼线性振动方程 $\ddot{x}+\omega^2x=0$ 的平衡位置的稳定性.

解 把方程化为等价系统 $\dot{x}=y,\dot{y}=-\omega^2x$. 取 $V=\frac{1}{2}(x^2+\frac{1}{\omega^2}y^2)$，则沿着系统的解有 $\frac{\mathrm{d}}{\mathrm{d}t}V(x,y)\equiv0$. 由定理 6.2.1 知，系统的零解是稳定的，从而原方程的平衡位置是稳定的.

【例 6.2.3】 证明系统 $\dot{x}=-y+x(x^2+y^2-1),\dot{y}=x+y(x^2+y^2-1)$ 的零解渐近稳定.

证明 取 $V=\frac{1}{2}(x^2+y^2)$，则沿着系统的解有 $\frac{\mathrm{d}}{\mathrm{d}t}V(x,y)\equiv(x^2+y^2)(x^2+y^2-1)$. 在单位圆内上式负定，由定理 6.2.1，系统的零解是渐近稳定的.

【例 6.2.4】 考虑系统 $\dot{x}=y,\dot{y}=-x+\varepsilon\left(\frac{y^3}{3}-y\right)$ 的原点的稳定性，其中 $\varepsilon>0$.

解 取 $V=\frac{1}{2}(x^2+y^2)$，则沿着系统的解有 $\frac{\mathrm{d}}{\mathrm{d}t}V(x,y)\equiv\varepsilon\left(\frac{y^4}{3}-y^2\right)$. 考虑到上式不出现 x，当 $y^2<3$ 时，$\frac{\mathrm{d}}{\mathrm{d}t}V(x,y)$ 常负，因此原点是局部稳定的.

习　题　6.2

1. 讨论系统 $\dot{x}=-y+x(x^2+y^2-1),\dot{y}=x+y(x^2+y^2-1)$ 零解的稳定性.
2. 利用 V 函数法讨论系统 $\dot{x}=-x-y,\dot{y}=x-y$ 零解的稳定性.
3. 讨论方程 $m\ddot{x}+a\dot{x}+bx=0$ $(a,b>0,a^2-4mb<0)$ 零解的稳定性.
4. 讨论系统 $\dot{x}=-y+ax^5,\dot{y}=x+ay^5$ 零解的稳定性.

6.3　平面自治系统的基本概念

本节考虑平面自治系统

$$\begin{cases}\dot{x}=P(x,y),\\ \dot{y}=Q(x,y),\end{cases}\tag{6-3-1}$$

以下总假定函数 $P(x,y)$，$Q(x,y)$在区域 D：$|x|\leqslant H$，$|y|\leqslant K$ 上连续，且满足存在唯一性定理的条件.

6.3.1 相平面、相轨线与相图

我们称 xOy 平面为系统(6-3-1) 的**相平面**，而把系统(6-3-1) 的解 $x=x(t)$，$y=y(t)$在平面上的轨迹称为系统的**轨线**. 轨线族在相平面上的图像称为**系统的相图**.

解 $x=x(t)$，$y=y(t)$在相平面上的轨线，正是这个解在(t,x,y)三维空间中的积分曲线在相平面上的投影. 用轨线来研究系统(6-3-1) 的解通常要比用积分曲线方便得多.

下面先通过一些例子来展示系统的相图，并说明方程组的积分曲线和轨线的关系.

【例 6.3.1】 用 **Maple** 描绘系统 $\dot{x}=-x$，$\dot{y}=-\dfrac{3}{2}y$ 在奇点(0,0)附近轨线的相图.

解 用 **Maple** 所描绘的相图见图 6.3.1，其指令如下.

```
with(DEtools);
odes:=[diff(x(t),t)=-x(t),diff(y(t),t)=-(3/2)*y(t)];
DEplot(odes,[x(t),y(t)],t=-10..10,[[x(0)=-2,y(0)=0],[x(0)=2,y(0)=0],[x(0)=1,y(0)=.1],[x(0)=-1,y(0)=.1],[x(0)=-1,y(0)=.25],[x(0)=1,y(0)=.25],[x(0)=1,y(0)=.5],[x(0)=-1,y(0)=.5],[x(0)=1,y(0)=1.5],[x(0)=-1,y(0)=1.5],[x(0)=0,y(0)=2],[x(0)=1,y(0)=-.1],[x(0)=-1,y(0)=-.1],[x(0)=-1,y(0)=-.25],[x(0)=1,y(0)=-.25],[x(0)=1,y(0)=-.5],[x(0)=-1,y(0)=-.5],[x(0)=1,y(0)=-1.5],[x(0)=-1,y(0)=-1.5],[x(0)=0,y(0)=-2]],x=-8..8,y=-8..8,stepsize=0.5e-1,dirgrid=[21,21],color=red,linecolor=blue,arrows=SLIM)
```

【例 6.3.2】 用 **Maple** 描绘系统 $\dot{x}=-x$，$\dot{y}=2y$ 在奇点(0,0)附近轨线的相图.

解 **Maple** 所描绘的相图见图 6.3.2，其指令如下.

```
with(DEtools);
saddlede:=[diff(x(t),t)=-x(t),diff(y(t),t)=2*y(t)];
DEplot(saddlede,[x(t),y(t)],t=-10..10,[[x(0)=-2,y(0)=0],[x(0)=2,y(0)=0],[x(0)=1,y(0)=.1],[x(0)=-1,y(0)=.1],[x(0)=-1,y(0)=.25],[x(0)=1,y(0)=.25],[x(0)=1,y(0)=.5],[x(0)=-1,y(0)=.5],[x(0)=1,y(0)=1.5],[x(0)=-1,y(0)=1.5],[x(0)=0,y(0)=2],[x(0)=1,y(0)=-.1],[x(0)=-1,y(0)=-.1],[x(0)=-1,y(0)=-.25],[x(0)=1,y(0)=-.25],[x(0)=1,y(0)=-.5],[x(0)=-1,y(0)=-.5],[x(0)=1,y(0)=-1.5],[x(0)=-1,y(0)=-1.5],[x(0)=0,y(0)=-2]],x=-8..8,y=-8..8,stepsize=0.5e-1,dirgrid=[21,21],color=red,linecolor=blue,arrows=SLIM)
```

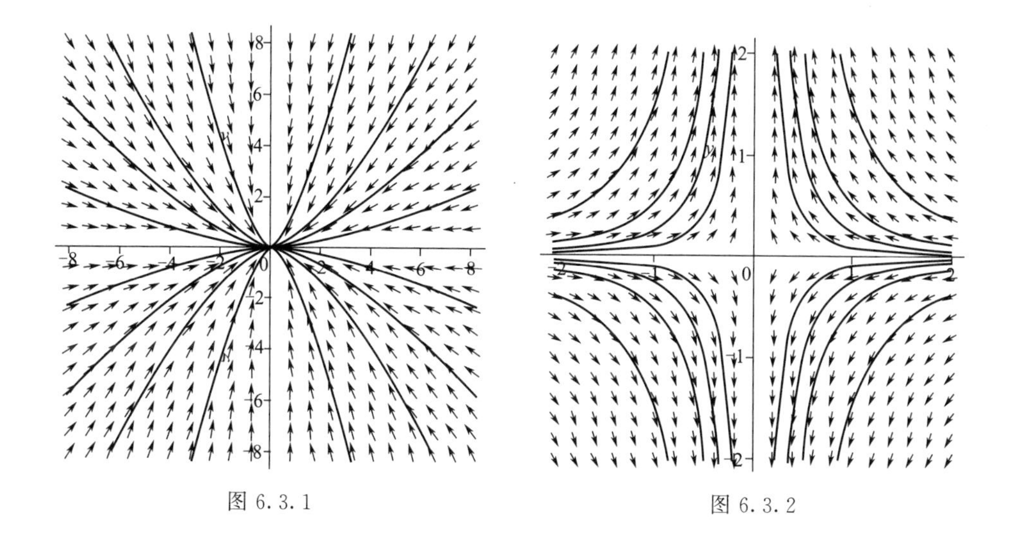

图 6.3.1　　　　图 6.3.2

【例 6.3.3】 用 **Maple** 描绘系统 $\dot{x}=-\frac{x}{12}-y,\dot{y}=x-\frac{y}{15}$ 在奇点(0,0)附近轨线的相图.

解 **Maple** 所描绘的相图为图 6.3.3，其指令如下.

```
with(DEtools);
DE:=[diff(x(t),t)=-(1/12)*x(t)-y(t),diff(y(t),t)= x(t)-(1/15)*y(t)]
DEplot(DE,[x(t),y(t)],t = 10..40,[[x(0)= 2,y(0)= 0],[x(0)= 5,y(0)= 0],[x(0)=
8,y(0)= 0]],x =-4..4,y =-4..4,stepsize = 0.5e-1,dirgrid =[21,21],color = red,li-
necolor = blue,axes = BOXED,arrows = SLIM)
```

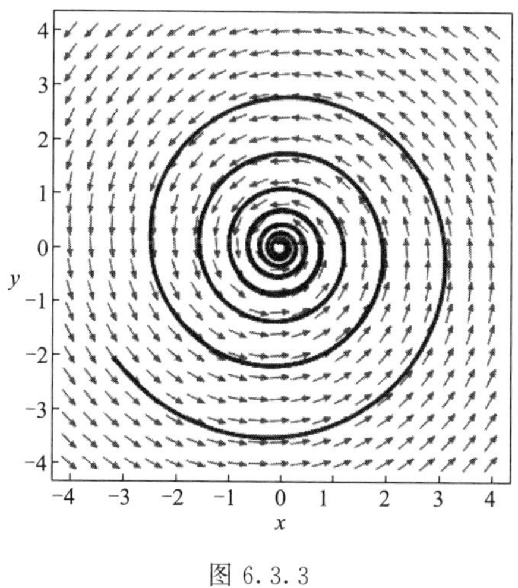

图 6.3.3

【例 6.3.4】 考虑系统

$$\dot{x}=-y,\dot{y}=x. \tag{6-3-2}$$

此系统有特解 $x=\cos t,y=\sin t$. 它在(t,x,y)三维空间中的积分曲线是一条螺旋线，它在相平面表示一条过点$(1,0)$的轨线（此处是单位圆周）. 当 t 增加时，轨线的方向由方程组(6-3-2) 确定.

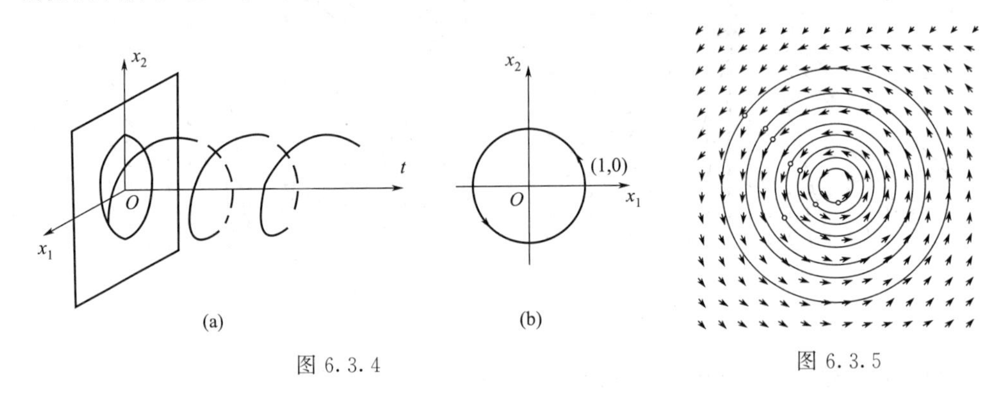

图 6.3.4

图 6.3.5

对于任意常数 α，函数 $x=\cos(t+\alpha),y=\sin(t+\alpha)$也是方程组的解. 它们的积分曲线是经过点$(-\alpha,1,0)$的螺旋线. 它们与解 $x=\cos t,y=\sin t$ 有相同的轨线.

考虑更多的轨线，系统(6-3-2) 相图如图 6.3.5 所示.

6.3.2 平面自治系统的基本性质

性质 1　积分曲线的平移不变性

设 $x=x(t),y=y(t)$是系统(6-3-1) 的一个解，则对于任意常数 c，函数

$$x=x(t+c),y=y(t+c)$$

也是系统(6-3-1) 的一个解. 事实上，只需将它们代入系统(6-3-1) 即可验证.

性质 2　轨线的唯一性

如果 $P(x,y),Q(x,y)$满足初值问题解的存在唯一性定理条件，则过相平面上区域 D 的任一点 $p_0=(x_0,y_0)$，系统(6-3-1) 存在唯一一条轨线.

性质 3　群的性质　设 $\boldsymbol{x}(t,\boldsymbol{x}_0)$表示 $t=0$ 时由 $\boldsymbol{x}_0$ 出发的解，则

$$\boldsymbol{x}(t_2,\boldsymbol{x}(t_1,\boldsymbol{x}_0))=\boldsymbol{x}(t_1+t_2,\boldsymbol{x}_0).$$

证明　由于 $\boldsymbol{x}(t,\boldsymbol{x}(t_1,\boldsymbol{x}_0))$和 $\boldsymbol{x}(t+t_1,\boldsymbol{x}_0)$都是系统(6-3-1) 的解，当 $t=0$ 时，两个解都经过点 $\boldsymbol{x}(t_1,\boldsymbol{x}_0)$. 根据解的存在唯一性定理，它们应是同一解. 所以 $\boldsymbol{x}(t,\boldsymbol{x}(t_1,\boldsymbol{x}_0))=\boldsymbol{x}(t+t_1,\boldsymbol{x}_0)$. 在上式中，令 $t=t_2$，即得结论.

6.3.3 常点、奇点和闭轨

对于系统(6-3-1)，其解 $x=x(t),y=y(t)$所对应的轨线可分为自身不相交和自身相交的两种情形. 其中轨线自身相交是指，存在不同时刻 t_1,t_2 使得 $x(t_1)=$

$x(t_2), y(t_1)=y(t_2)$. 由轨线的唯一性，需讨论两种情形：

(1) 若对一切 $t\in\mathbb{R}$，有 $(x(t),y(t))\equiv(x_0,y_0)$，其中 $(x_0,y_0)\in D$，则称 $x=x_0$，$y=y_0$ 为系统(6-3-1) 的一个定常解. 它所对应的积分曲线是 (t,x,y) 空间中平行于 t 轴的直线 $x=x_0$，$y=y_0$. 对应此解的轨线是相平面中一个点 (x_0,y_0). 我们称此点为**奇点**（或称**平衡点**）. 显然 (x_0,y_0) 是系统(6-3-1) 的一个奇点的充分必要条件是 $P(x_0,y_0)=Q(x_0,y_0)=0$. 相空间中不是奇点的点，称为**常点**.

(2) 若存在 $T>0$，使得对一切 $t\in\mathbb{R}$ 有 $x(t)=x(t+T), y(t)=y(t+T)$，则称 $x=x(t)$，$y=y(t)$ 为系统(6-3-1) 的一个**周期解**，T 为**周期**. 它所对应的轨线显然是相平面中的一条闭曲线，称为**闭轨**.

由以上讨论和系统(6-3-1) 轨线的唯一性，我们有如下结论：自治系统(6-3-1) 的一条轨线只可能是下列三种类型之一：

①奇点，②闭轨，③自身不相交的非闭轨线.

最后我们对常点和奇点给出几何解释和力学解释. 从几何角度看，系统(6-3-1) 在平面确定了向量场 $(P(x,y),Q(x,y))$，即对 D 内每一点 (x_0,y_0)，对应于一个向量，其分量分别为 $P(x_0,y_0)$ 和 $Q(x_0,y_0)$. 这样常点对应的是模不为零的向量的点，而奇点对应的是零向量. 因此向量场在奇点处的方向是不定的. 从力学角度看，$\dot{x}, \dot{y}$ 分别表示水平和竖直方向的速度. 当两个速度分量都为零时，质点处于静止状态，也就是说奇点是静止点；而常点 (x_0,y_0) 则处于运动状态.

习　题　6.3

利用 pplane 软件画出下列系统的相图.

1. $\dot{x}=2x+3y, \dot{y}=2x-3y$；
2. $\dot{x}=2x+3y+x^2, \dot{y}=2x-3y-y^2$；
3. $\dot{x}=3x, \dot{y}=2x+y$；
4. $\dot{x}=3x, \dot{y}=2x+y-x^2$.

注　pplane 可以画出平面系统的相图，现有两个版本：matlab 版和 java 版.

6.4　平面自治系统的奇点理论

6.4.1　线性系统的奇点

考虑线性系统

$$\begin{cases}\dot{x}=ax+by,\\ \dot{y}=cx+dy,\end{cases}\tag{6-4-1}$$

其系数矩阵为 $\boldsymbol{A}=\begin{bmatrix} a & b \\ c & d \end{bmatrix}$ 是非退化的，即 $\det \boldsymbol{A} \neq 0$. 在此条件下，我们讨论系统轨线在相平面的分布.

根据矩阵理论，存在非退化线性变换 $\boldsymbol{X}=\boldsymbol{K}\boldsymbol{Y}$，使得系统化为

$$\dot{\boldsymbol{Y}}=\boldsymbol{J}\boldsymbol{Y}, \tag{6-4-2}$$

其中 $\boldsymbol{X}=(x,y)^{\mathrm{T}}, \boldsymbol{Y}=(\bar{x},\bar{y})^{\mathrm{T}}, \boldsymbol{K}=(k_{ij})_{2\times 2}$，$\boldsymbol{J}$ 为下述四种情形之一：

$$\boldsymbol{J}_1=\begin{bmatrix} \lambda_1 & 0 \\ 0 & \lambda_2 \end{bmatrix}, \boldsymbol{J}_2=\begin{bmatrix} \lambda_1 & 0 \\ 0 & \lambda_1 \end{bmatrix}, \boldsymbol{J}_3=\begin{bmatrix} \lambda_1 & 0 \\ 1 & \lambda_1 \end{bmatrix}, \boldsymbol{J}_4=\begin{bmatrix} \alpha & -\beta \\ \beta & \alpha \end{bmatrix},$$

这里 $\lambda_1,\lambda_2 \in \mathbb{R}$ 且互不相等.

下面我们探讨系统(6-4-2) 的相图. 需要指出的是，在此基础上，经过 $\boldsymbol{K}^{-1}$ 的作用，就可返回到(x,y)平面而得到原系统(6-4-1) 的轨线结构.

(1) $J=J_1$

系统(6-4-2) 为

$$\begin{cases} \dot{\bar{x}}=\lambda_1 \bar{x} \\ \dot{\bar{y}}=\lambda_2 \bar{y} \end{cases} \tag{6-4-3}$$

其通解为 $\bar{x}=c_1 \mathrm{e}^{\lambda_1 t}, \bar{y}=c_2 \mathrm{e}^{\lambda_2 t}$，其中 c_1,c_2 为任意常数.

消去参数 t，得到轨线方程为

$$\bar{y}=c|\bar{x}|^{\frac{\lambda_2}{\lambda_1}}. \tag{6-4-4}$$

这里假设 $|\lambda_2|>|\lambda_1|$. 这种假定不失一般性，如果 $|\lambda_2|<|\lambda_1|$，将坐标轴互换一下即可.

① $\lambda_1\lambda_2>0$. 此时由于 $\frac{\lambda_2}{\lambda_1}>1$，轨线（6-4-4）是抛物线型. 当 $\lambda_1,\lambda_2<0$ 时，相图见图 6.4.1(a)，此时原点称为**稳定结点**；当 $\lambda_1,\lambda_2>0$ 时，相图见图 6.4.1(b)，此时原点称为**不稳定结点**.

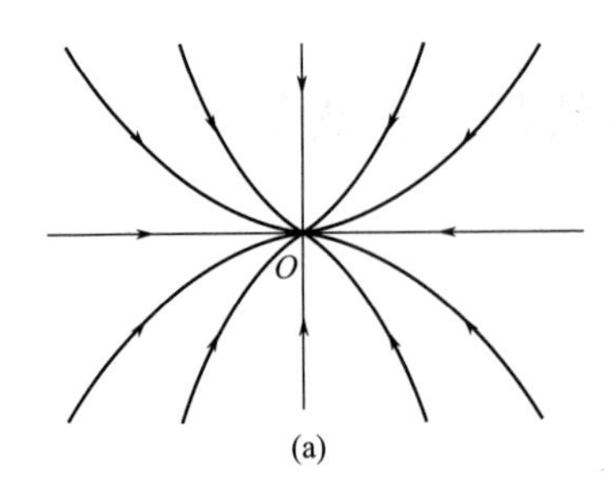

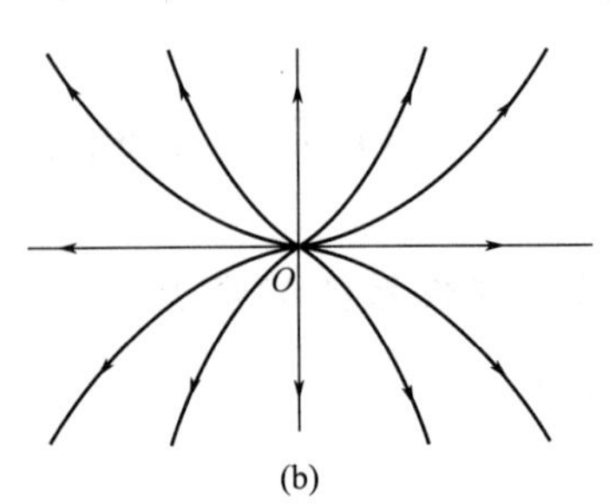

图 6.4.1

② $\lambda_1\lambda_2<0$（如 $\lambda_1<0,\lambda_2>0$）. 此时由于$\frac{\lambda_2}{\lambda_1}<0$，轨线（6-4-4）是双曲型的曲线，这些双曲线都以两个坐标轴为其渐近线，见图 6.4.2.

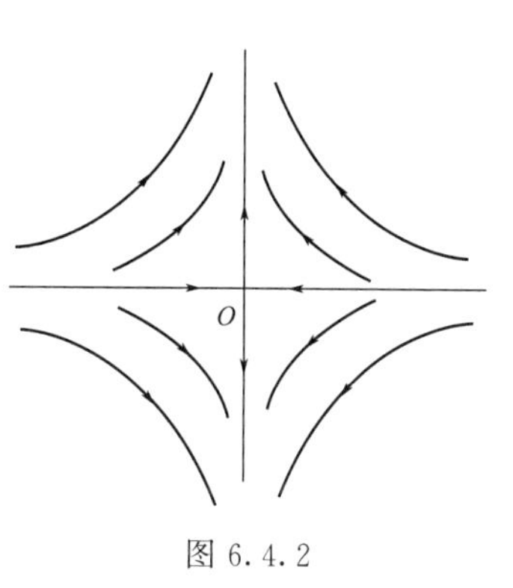

图 6.4.2

（2）J= J_2

与 $\boldsymbol{J}=\boldsymbol{J}_1$ 的讨论类似，系统(6-4-2) 的轨线方程为 $\bar{y}=C\bar{x}$. 当 $\lambda_1<0$ 时，轨线分布如图 6.4.3(a)，此时原点为**稳定临界结点**；而 $\lambda_1>0$，轨线分布如图 6.4.3(b)，此时原点为**不稳定临界结点**.

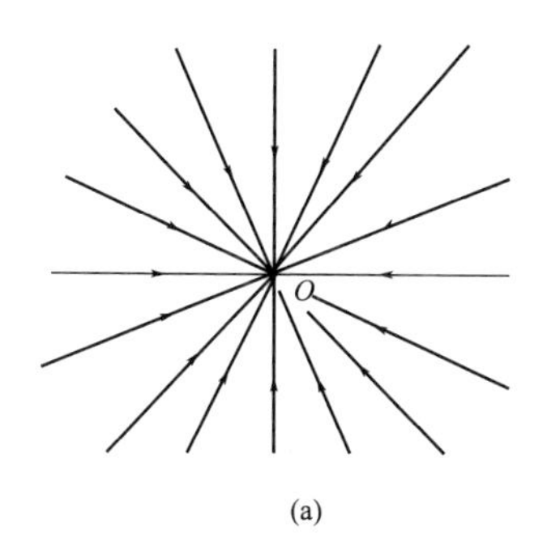

(a)

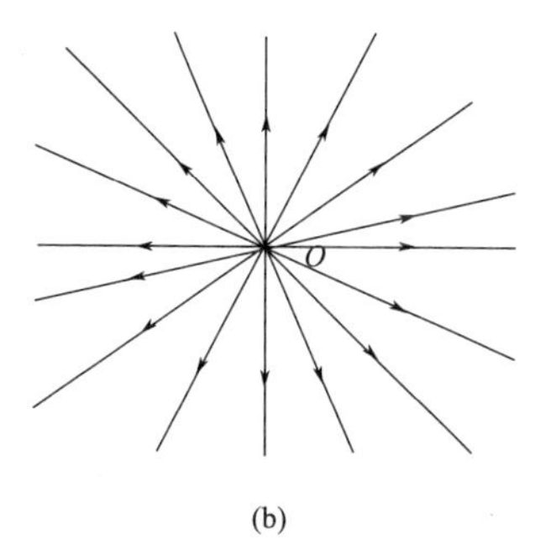

(b)

图 6.4.3

（3）J= J_3

此时，系统(6-4-2) 为

$$\dot{\bar{x}}=\lambda_1\bar{x},\dot{\bar{y}}=\bar{x}+\lambda_1\bar{y}. \tag{6-4-5}$$

解方程组(6-4-5)，得通解

$$\bar{x}=c_1e^{\lambda_1 t},\bar{y}=(c_1t+c_2)e^{\lambda_1 t}. \tag{6-4-6}$$

消去参数 t，得轨线方程

$$\bar{y}=\frac{1}{\lambda_1}(\ln|\bar{x}|+C)\bar{x}. \tag{6-4-7}$$

由轨线方程知，$\lim\limits_{x\to0}\bar{y}=0,\lim\limits_{x\to0}\frac{d\bar{y}}{d\bar{x}}=\infty$.

当 $\lambda_1<0$ 时，相图如图 6.4.4(a)，此时原点称为**稳定退化结点**；当 $\lambda_1>0$ 时，相图如图 6.4.4(b)，此时原点称为**不稳定退化结点**.

（4）J= J_4

此时矩阵 $\boldsymbol{A}$ 具有一对共轭复根 $\lambda_{1,2}=\alpha\pm i\beta$. 系统(6-4-2) 的通解为

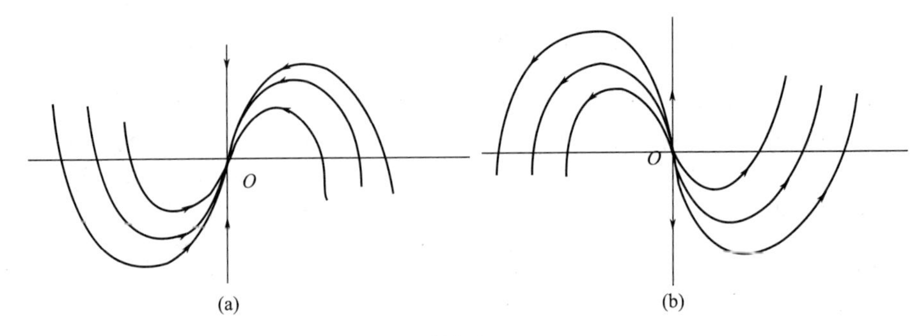

图 6.4.4

$$\begin{cases}\bar{x}(t)=e^{\alpha t}(c_1\cos\beta t-c_2\sin\beta t),\\ \bar{y}(t)=e^{\alpha t}(c_1\sin\beta t+c_2\cos\beta t).\end{cases}$$

当 $\alpha\neq 0$ 时，轨线为对数螺线，当 $\alpha=0$，轨线为圆周．下面总设 $\beta>0$，有如图 6.4.5 所示的相图.

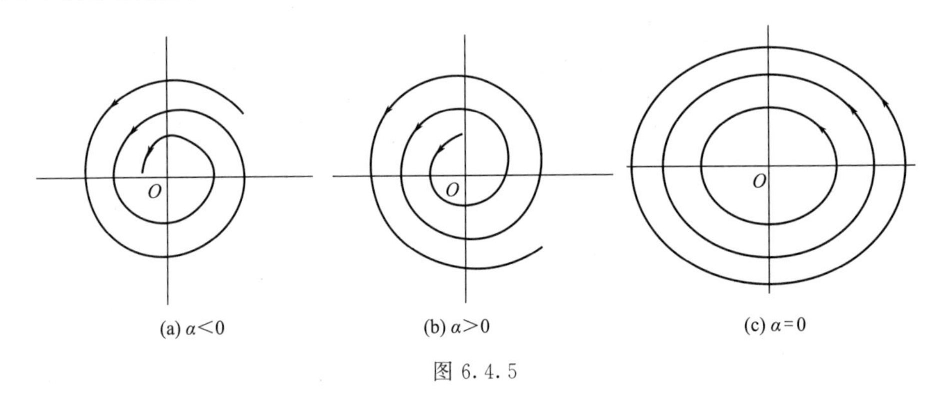

图 6.4.5

注意到矩阵 $\mathbf{A}$ 的特征方程为 $P_A(\lambda)=\lambda^2-(a+d)\lambda+(ad-bc)=0$. 综合上述讨论，并借助特征方程中根与系数的关系，我们得到如下的定理.

定理 6.4.1 对于系统(6-4-1)，令 $p=-(a+d)$，$q=ad-bc$，则有

① 当 $q<0$ 时，原点为鞍点；

② 当 $q>0$ 且 $p^2-4q>0$ 时，原点为结点；

③ 当 $q>0$ 且 $p^2-4q=0$ 时，原点为临界结点或退化结点；

④ 当 $q>0$ 且 $0<p^2<4q$ 时，原点为焦点；

⑤ 当 $q>0$ 且 $p=0$ 时，原点为中心.

另外，在情形②～④中，奇点的稳定性由 p 的符号决定：当 $p>0$ 时奇点是稳定的，而 $p<0$ 时则是不稳定的.

【例 6.4.1】 判别系统 $\dot{x}=x-3y$，$\dot{y}=-3x+y$ 的奇点类型，并绘出相图.

解 令

$$\mathbf{A}=\begin{pmatrix}1 & -3\\ -3 & 1\end{pmatrix},$$

它的特征值为 $\lambda_1=-2,\lambda_2=4$，因此原点为鞍点. 也可通过定理 6.4.1 确定奇点类型. 这两个特征值对应的特征向量分别为 $\boldsymbol{v}_1=(1,1),\boldsymbol{v}_2=(1,-1)$. 轨线在奇点附近的分布见图 6.4.6. 在相图中，对应于 $\boldsymbol{v}_1$，直线 $x-y=0$ 为稳定线性子空间，而对应于 $\boldsymbol{v}_2$，直线 $x+y=0$ 为不稳定线性子空间.

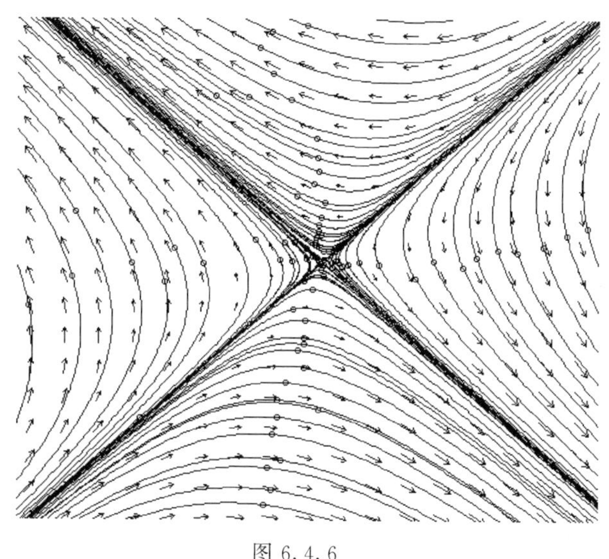

图 6.4.6

6.4.2　非线性系统的奇点

考虑一般的平面自治系统 $\dot{x}=P(x,y),\dot{y}=Q(x,y)$. 不失一般性，设原点(0, 0)为奇点，此时上述系统可表为

$$\begin{cases}\dot{x}=ax+by+\varphi(x,y),\\ \dot{y}=cx+dy+\psi(x,y),\end{cases}\tag{6-4-8}$$

这里 φ,ψ 为非线性项，$a=P_x(0,0),b=P_y(0,0),c=Q_x(0,0),d=Q_y(0,0)$，$\varphi(0,0)=\psi(0,0)=0$.

我们称线性系统

$$\begin{cases}\dot{x}=ax+by,\\ \dot{y}=cx+dy,\end{cases}\tag{6-4-9}$$

为系统(6-4-8) 的**一次近似系统**. 当系数矩阵的行列式非零，即 $ad-bc\neq0$ 时，我们称系统(6-4-9) 以原点为**初等奇点**，见 6.4.1 的讨论.

下面给出一个重要结果.

定理 6.4.2　假设 $ad-bc\neq0$. 如果系统(6-4-9) 以原点为结点（不含退化结

点和临界结点)、鞍点或焦点，又 $\varphi(x,y),\psi(x,y)$在原点的某个邻域内连续可微，且满足

$$\lim_{(x,y)\to(0,0)}\frac{\varphi(x,y)}{\sqrt{x^2+y^2}}=0,\quad \lim_{(x,y)\to(0,0)}\frac{\psi(x,y)}{\sqrt{x^2+y^2}}=0,$$

则系统(6-4-8) 的轨线在原点附近的分布情形与系统(6-4-9) 的完全相同.

注意：当原点为其它类型的奇点时，上述结论一般不成立.

习 题 6.4

判断下列系统在原点的奇点类型和稳定性.

(1) $\dot{x}=2x+3y,\dot{y}=2x-3y$;

(2) $\dot{x}=2x+3y+x^2,\dot{y}=2x-3y-y^2$;

(3) $\dot{x}=3x,\dot{y}=2x+y$;

(4) $\dot{x}=3x,\dot{y}=2x+y-x^2$.

部分习题参考答案

第 1 章

习题 1.1

1. 设 $k>0$ 为衰减的比例系数，则 $m(t)=m_0 e^{-kt}$，其中 m_0 为开始计质量时的质量.

2. 忽略空气阻力时：$\dfrac{d^2\varphi}{dt^2}=-\dfrac{g}{l}\sin\varphi$.

摆的微小摆动，即摆角 φ 较小时，$\dfrac{d^2\varphi}{dt^2}+\dfrac{g}{l}\varphi=0$.

摆在黏性介质中摆动，即存在与速度 v 成比例的阻力，设阻力系数为 μ. 则摆的方程为：

$$\frac{d^2\varphi}{dt^2}+\frac{\mu}{m}\frac{d\varphi}{dt}+\frac{g}{l}\varphi=0.$$

3. 运动规律为 $y=y(t)$,其中 t 表示时间，$y=-\dfrac{m^2g}{k^2}+\dfrac{m^2g}{k^2}e^{-\frac{k}{m}t}+\dfrac{mg}{k}t$.

第 2 章

习题 2.1

1. (1) $y=ce^x$；

(2) $\ln y=ce^x$；

(3) $\sin^2 y\cos x=c$，$y=k\pi,k=0,\pm1,\cdots$；

(4) $(1+y^2)(1+x^2)=cx^2$；

(5) $e^{-2y}=-2e^{x^2}+c$；

(6) $\sin y=cx$；

(7) $\arctan\dfrac{y}{x}+\ln\sqrt{x^2+y^2}=c$；

(8) $\sin\dfrac{y}{x}=cx$；

(9) $y=\tan(x+c)-x$；

(10) $\dfrac{y}{x}=\dfrac{1}{4}(\ln|cx|)^2$，$y=0$；

(11) $x^2-2xy-y^2+2x+6y=c$；

(12) $y=2-(x+1)-\frac{1}{c}\sqrt{2c^2(x+1)^2+1}$；

(13) $(x^2-y^2-1)^5=c(x^2+y^2-3)$； (14) $y=cx\sqrt{(xy)^2+2}$.

2. $xy=c$.

习题 2.2

1. (1) $y=ce^x-(\sin x+\cos x)$； (2) $y=ce^{-3x}+\frac{1}{4}e^x$；

(3) $y=ce^{-x^2}+2$； (4) $y=ce^{-3x}+\frac{2}{3}$；

(5) $y=x^2(1+ce^{\frac{1}{x}})$； (6) $y=x^2\left(\frac{1}{2}\ln|x|+c\right)$；

(7) $s=ce^{-\sin t}+\sin t-1$； (8) $i=-\frac{1}{2}(3\sin 2t+\cos 2t)+ce^{6t}$；

(9) $y=\frac{c}{x}+\frac{x^2}{3}$； (10) $y^2=cx^4+x^2$；

(11) $y(cx^2+1+2\ln x)=4, y=0$； (12) $y=cx+x\ln|x|-1$；

(13) $y^{-3}=-1-2x+ce^x, y=0$； (14) $y=c\sqrt{|1-x^2|}+x$；

(15) $y^{-4}=ce^{-4x}-x+\frac{1}{4}$； (16) $y^2=\frac{1}{ce^{x^2}+x^2+1}, y=0$.

2. $y=-x\ln|x|+cx$.

习题 2.3

1. (1) $e^x+3y^2x=c$； (2) $x^2y-\frac{y^3}{3}=c$；

(3) $xe^{-y}-y^3=c$； (4) $x^3+2xy=c$；

(5) $xy+1=ce^x$； (6) $x-\frac{1}{2}y^2\cos 2x=c$；

(7) $x+\arctan\frac{x}{y}=c$； (8) $x^2y+\frac{x^3}{3}=c$.

2. (1) $\mu=x$； (2) $\mu=\frac{1}{y}$； (3) $\mu=e^x$； (4) $\mu=\frac{1}{g(y)p(x)}$； (5) $e^{-\int p(x)dx}$.

习题 2.4

(1) 令 $y'=\frac{1}{t}$, $\begin{cases}x=t^2+t,\\ y=\ln|t|+2t+c;\end{cases}$

(2) 令 $y'=tx$，$\begin{cases}x=\dfrac{1}{t}-t^2,\\ y=\dfrac{1}{t}-\dfrac{1}{2}t^2+\dfrac{2}{5}t^5+c;\end{cases}$

(3) 令 $y'=p$，$\begin{cases}x=2(p+1)e^p+c,\\ y=2p^2e^p,\end{cases}$ $y=0$；

(4) 令 $y'=p$，$y=(p-1)e^p$，$x=e^p+c$，$y=-1$；

(5) 令 $x'=\cos t$，$y=\sin t$，$x=\dfrac{t}{2}+\dfrac{1}{4}\sin 2t+c$；

(6) 令 $2-y'=yt$，$y=x-\dfrac{1}{x-c}-c$.

第 3 章

习题 3.1

1. 对于任意的常数 $c>0$，如下函数

$$y(t)=\begin{cases}(t-c)^{\frac{3}{2}}, & t\geqslant c,\\ 0, & t<c\end{cases} \text{和 } y(t)=\begin{cases}-(t-c)^{\frac{3}{2}}, & t\geqslant c,\\ 0, & t<c\end{cases}$$

都是给定初值问题的解.

2. 取 $a=\dfrac{1}{2}$，$b=1$，在矩形区域 $R=\{(x,y)\,|\,|x|\leqslant\dfrac{1}{2},|y|\leqslant 1\}$ 上，$f(x,y)=x^2+e^{-y^2}$ 连续且关于 y 有连续的偏导数. 计算 $M=\max\limits_{(x,y)\in R}\{x^2+e^{-y^2}\}=1+\left(\dfrac{1}{2}\right)^2=\dfrac{5}{4}$. 故由解的存在唯一性定理知上述初值问题的解 $y=y(x)$ 在 $\left[-\dfrac{1}{2},\dfrac{1}{2}\right]$ 内存在唯一，当然也在 $\left[0,\dfrac{1}{2}\right]$ 内存在唯一. 对 $0\leqslant x\leqslant\dfrac{1}{2}$，由与原方程等价的积分方程知 $y=y(x)\geqslant 0$ 且

$$\begin{aligned}y(x)&=\int_0^x (s^2+\exp(-y^2(s)))\mathrm{d}s\\ &\leqslant\int_0^x\left(\left(\frac{1}{2}\right)^2+1\right)\mathrm{d}s=\frac{5}{4}x\leqslant\frac{5}{8}\leqslant 1.\end{aligned}$$

3. 对任意给定的正数 a，b，函数 $f(x,y)=1+y^2$ 均在矩形区域 $R=\{(x,y)\,|\,|x|\leqslant a,|y|\leqslant b\}$ 内连续，并且对 y 有连续的偏导数. 计算 $M=\max\limits_{(x,y)\in R}\{1+y^2\}=1+b^2$，$h=\max\left\{a,\dfrac{1}{1+b^2}\right\}$. 由于 a，b 可以任意取，先取 b，使得 $\dfrac{1}{1+b^2}$

最大，显然当 $b=1$ 时 $\frac{1}{1+b^2}=\frac{1}{2}$ 为 $\frac{1}{1+b^2}$ 的最大值，故可取 $a=b=1$. 此时由定理 3.1.1 得到的初值问题的存在唯一区间为 $\left[-\frac{1}{2},\frac{1}{2}\right]$.

4. 记 $V(t)=k+\left|\int_\tau^t f(s)x(s)\mathrm{d}s\right|$，则题目假设为

$$x(t)\leqslant V(t),t\in(t_1,t_2).$$

当 $t\in(\tau,t_2)$ 时，$V(t)=k+\int_\tau^t f(s)x(s)\mathrm{d}s$，故由上式知 $V'(t)\equiv f(t)x(t)\leqslant f(t)V(t)$，即 $V'(t)-f(t)V(t)\leqslant 0$，两边乘以 $\exp\left(-\int_\tau^t f(s)\mathrm{d}s\right)$，得到 $\left(V(t)\exp\left(-\int_\tau^t f(s)\mathrm{d}s\right)\right)'\leqslant 0$. 从 $\tau\sim t\in(\tau,t_2)$ 积分，得到 $V(t)\exp\left(-\int_\tau^t f(s)\mathrm{d}s\right)\leqslant V(\tau)=k$，即 $V(t)\leqslant k\exp\left(\int_\tau^t f(s)\mathrm{d}s\right)$，即在 $t\in(\tau,t_2)$ 时结论成立.

当 $t\in(t_1,\tau)$ 时，$V(t)=k-\int_\tau^t f(s)x(s)\mathrm{d}s$，由 $x(t)\leqslant V(t),t\in(t_1,t_2)$ 有，$V'(t)\equiv -f(t)x(t)\geqslant -f(t)V(t)$，即 $V'(t)+f(t)V(t)\leqslant 0$，两边乘以 $\exp\left(\int_\tau^t f(s)\mathrm{d}s\right)$，得到 $\left(V(t)\exp\left(\int_\tau^t f(s)\mathrm{d}s\right)\right)'\geqslant 0$. 从 $\tau\sim t\in(t_1,\tau)$ 积分，得到 $V(t)\exp\left(\int_\tau^t f(s)\mathrm{d}s\right)\leqslant V(\tau)=k$，即 $V(t)\leqslant k\exp\left(-\int_\tau^t f(s)\mathrm{d}s\right)$，因此，结论成立.

5. 在 $x(t)\leqslant g(t)+\int_{t_0}^t f(\tau)x(\tau)\mathrm{d}\tau$ 两边分别乘以 $f(t)$ 得

$$f(t)x(t)\leqslant f(t)g(t)+f(t)\int_{t_0}^t f(\tau)x(\tau)\mathrm{d}\tau.$$

令 $H(t)=\int_{t_0}^t f(\tau)x(\tau)\mathrm{d}\tau$，则上式可写为

$$\frac{\mathrm{d}H(t)}{\mathrm{d}x}-f(t)H(t)\leqslant f(t)g(t).$$

在上式两边乘以 $\exp\left(-\int_{t_0}^t f(\tau)\mathrm{d}\tau\right)$ 得

$$\frac{\mathrm{d}}{\mathrm{d}t}\left(H(t)\exp\left(-\int_{t_0}^t f(\tau)\mathrm{d}\tau\right)\right)\leqslant f(t)g(t)\exp\left(-\int_{t_0}^t f(\tau)\mathrm{d}\tau\right).$$

在上面不等式两边从 t_0 到 t 的积分，得

$$H(t)\exp\left(-\int_{t_0}^t f(\tau)\mathrm{d}\tau\right)\leqslant\int_{t_0}^t f(\tau)g(\tau)\exp\left(\int_\tau^{t_0} f(s)\mathrm{d}s\right)\mathrm{d}\tau.$$

即

$$H(t)\leqslant\int_{t_0}^t f(\tau)g(\tau)\exp\left(\int_\tau^t f(s)\mathrm{d}s\right)\mathrm{d}\tau.$$

再由题设条件可知

$$\begin{aligned} x(t) &\leqslant g(t)+H(t) \\ &\leqslant g(t)+\int_{t_0}^{t} f(\tau)g(\tau)\exp\left(\int_{\tau}^{t} f(s)\mathrm{d}s\right)\mathrm{d}\tau. \end{aligned}$$

因此，结论成立.

注 在微分方程解的定性理论研究中，**Gronwall** 不等式是建立所需估计的常用工具.

6.(1) $\varphi_3(x)=x+\dfrac{x^2}{2!}+\dfrac{x^3}{3!}$;

(2) $\varphi_3(x)=\dfrac{x^2}{2}+\dfrac{x^3}{3}+\dfrac{x^4}{6}$;

(3) $\varphi_2(x)=-\dfrac{x^5}{20}+\dfrac{x^3}{6}+\dfrac{x^2}{2}-\dfrac{x}{4}-\dfrac{11}{30}$;

(4) $\varphi_3(x)=\dfrac{x^2}{2}+\dfrac{x^5}{20}+\dfrac{x^8}{160}+\dfrac{x^{11}}{4400}$;

(5) $\varphi_2(x)=\dfrac{11}{42}-\dfrac{x}{9}+\dfrac{x^3}{3}-\dfrac{x^4}{18}-\dfrac{x^7}{63}$;

(6) $\varphi_2(x)=1+x+x^2+\dfrac{2x^3}{3}+\dfrac{x^4}{6}+\dfrac{2x^5}{15}+\dfrac{x^7}{63}$.

习题 3.2

1. 易由变量分离法求得该初值问题的解为 $y=x\ln x$. 因此该初值问题的解的最大存在区间为$(0,+\infty)$，且当 $x\to 0+$时解趋于 0，当 $x\to+\infty$时解趋于$+\infty$.

2. 实际上，$\dfrac{\partial f(x,y)}{\partial y}$连续这个条件可以不要，下面我们仍用这个加强的条件来证明结论. 证明分下面两步进行.

(1) 方程 $y'=f(x,y)$满足任意初值条件 $y(x_0)=y_0$ 的任一解 $y=\varphi(x)$是局部存在的. 这是由于 $f(x,y)$在全平面连续，且$\dfrac{\partial f(x,y)}{\partial y}$也连续. 从而在闭域上$\left|\dfrac{\partial f(x,y)}{\partial y}\right|$有界，即得 $f(x,y)$在闭域上满足利普希茨条件. 用定理 3.1.1 即证得解的局部存在性. 实际上仅用 $f(x,y)$连续，据定理 3.1.3 也可得解的局部存在性.

(2) 关键要证明解的整体存在性. 用反证法. 假设 $y=\varphi(x)$是 $y'=f(x,y)$的任一满足 $y(x_0)=y_0$ 的解，它的最大存在区间为$(\alpha,\beta)\subset(-\infty,\infty)$，$\alpha>-\infty$，$\beta<+\infty$. 因为已设函数 $f(x,y)$在全平面连续有界的，故存在 $M>0$，使得 $M=\max\limits_{(x,y)\in R^2}|f(x,y)|$. 注意在全平面上有$|f(x,y)|\leqslant M<+\infty$，这比在闭域上成立此式要强些. 不妨设 $x_0\in(\alpha,\beta)$，对 $x\geqslant x_0$ 有

$$\varphi(x)=\varphi(x_0)+\int_{x_0}^{x} f(s,\varphi(s))\mathrm{d}s,$$

$$|\varphi(x)|\leqslant|\varphi(x_0)|+M|x-x_0|\leqslant|\varphi(x_0)|+M|\beta-x_0|.$$

选取矩形区域 $\bar{R}$ 中的 b 适当大，比如，$b>|\varphi(x_0)|+M|\beta-x_0|$，则对 $x\in[x_0,\beta)$成立$|\varphi(x)|<b$. 从而由解的延展定理可知，解 $y=\varphi(x)$可以继续延展至 β 的右方，这与 β 为解 $y=\varphi(x)$的最大存在区间的右端点矛盾，故 $\beta=+\infty$. 类似地，对 $x\leqslant x_0$，有

$$|\varphi(x)|\leqslant|\varphi(x_0)|+M|\alpha-x_0|.$$

选取矩形区域 $\bar{R}$ 中的 b 充分大，比如取 $b>|\varphi(x_0)|+M|\alpha-x_0|$，则当 $x\in(\alpha,x_0]$时成立$|\varphi(x)|<b$. 由解的延展定理可知，解 $y=\varphi(x)$可以延展至 α 的左方，这与 α 的定义矛盾，故 $\alpha=-\infty$.

3. 只证明在(x_0,b)上的结论. 另一部分是类似的. 由假设 $\varphi(x_0)=y_0=\psi(x_0)$，而 $\varphi'(x_0)=f(x_0,y_0)<g(x_0,y_0)<\psi'(x_0)$，于是存在 $\delta>0$，使得 $\varphi(x)<\psi(x)$，$\forall x\in(x_0,x_0+\delta)$. 现在假设要证的结论不真，则存在 $\xi\in(x_0+\delta,b)$，使得 $\varphi(\xi)\geqslant\psi(\xi)$. 于是由介值定理，集合 $\Upsilon=\{x\in(x_0,b)\,|\,\varphi(\xi)=\psi(\xi)\}$非空. 令 $\bar{x}=\inf\Upsilon$，则 $\bar{x}\geqslant x_0+\delta>x_0$，$\varphi(\bar{x})=\psi(\bar{x})$. 而 $\varphi(x)<\psi(x)$，$\forall x\in(x_0,\bar{x})$. 由此可得 $\varphi'(\bar{x})-\psi'(\bar{x})=\lim\limits_{x\to\bar{x}-0}\dfrac{\varphi(x)-\psi(x)}{x-x_0}\geqslant 0$，这与 $\varphi'(\bar{x})-\psi'(\bar{x})=f(\bar{x},\bar{y})-g(\bar{x},\bar{y})<0$ 矛盾，其中 $\bar{y}=\varphi(\bar{x})=\psi(\bar{x})$.

习题 3.3

1. $f(x,y)=x^2-y$，欧拉方法的数值格式为

$$y_{n+1}=y_n+hf(x_n,y_n)=y_n+0.1(x_n^2-y_n)=0.9y_n+0.1x_n^2.$$

故 $y(0.1)\approx y_1=0.9\times 2+0.1\times 0^2=1.8$，

$y(0.2)\approx y_2=0.9\times 1.8+0.1\times 0.1^2=1.621$，

$y(0.3)\approx y_3=0.9\times 1.621+0.1\times 0.2^2=1.4629$.

2. $f(x,y)=-y$，$t_n=nh$. 代入梯形公式 $y_{n+1}=y_n+\dfrac{h}{2}(f(t_n,y_n)+f(t_{n+1},y_{n+1}))$得 $y_{n+1}=y_n+\dfrac{h}{2}(-y_n-y_{n+1})$，整理得

$$y_n=\left(\frac{2-h}{2+h}\right)^n=\left(1-\frac{2h}{2+h}\right)^{\frac{t_n}{h}}\to \mathrm{e}^{-t_n}=y(t_n).$$

3. $f(x,y)=8-3y$，于是

$$
\begin{cases}
y_{n+1}=y_n+\frac{1}{6}(k_1+2k_2+2k_3+k_4), \\
k_1=hf(x_n,y_n)=1.6-0.6y_n, \\
k_2=hf(x_n+\frac{h}{2},y_n+\frac{k_1}{2})=1.12-0.42y_n, \\
k_3=hf(x_n+\frac{h}{2},y_n+\frac{k_2}{2})=1.264-0.47y_n, \\
k_2=hf(x_n+h,y_n+k_3)=0.8416-0.3156y_n.
\end{cases}
$$

故 $y_{n+1}=1.2016+0.5561y_n$，由于 $y(0)=y_0=2$. 从而，$y(0.2)\approx y_1=2.3138$，$y(0.4)\approx y_2=2.4883$.

4. 建立 m 文件 function z=fun(t,y)：

```
z=2 * y'+y-2 * exp(t);
```

在对话框分别输入：

```
[t,n]=ode23('fun',[0,3],1);n=n(end)
[t,n]=ode45('fun',[0,3],1);n=n(end)
[t,n]=ode113('fun',[0,3],1);n=n(end)
```

第 4 章

习题 4.1

1. 反证法. 假设在区间 I 上的连续函数有$\frac{x(t)}{y(t)}\neq$常数，而 $x(t)$和 $y(t)$在区间 I 上线性相关. 即存在不全为零的常数 c,d 使得 $cx(t)+dy(t)=0,t\in I$. 显然，因 $y(t)\neq 0$ 故 $c\neq 0$（否则有 $d=0$，与 c,d 不全为零相矛盾），即有$\frac{x(t)}{y(t)}=-\frac{d}{c}$为常数，与假设矛盾. 故 $x(t)$和 $y(t)$在区间 I 上线性无关.

2. D

3.（1）线性无关；（2）线性无关；（3）线性相关；（4）线性无关；（5）线性相关；（6）线性无关；（7）线性相关；（8）线性无关.

4. 由于 $y_1=1,y_2=\sin x,y_3=\cos x$ 的朗斯基行列式

$$
W(x)=\begin{vmatrix} 1 & \sin x & \cos x \\ 0 & \cos x & -\sin x \\ 0 & -\sin x & -\cos x \end{vmatrix}=-1.
$$

所以 $y_1=1,y_2=\sin x,y_3=\cos x$ 线性无关.

由 $\begin{vmatrix} 1 & \sin x & \cos x & y \\ 0 & \cos x & -\sin x & y' \\ 0 & -\sin x & -\cos x & y'' \\ 0 & -\cos x & \sin x & y''' \end{vmatrix}=0$ 和

$$-y'''-\begin{vmatrix} 1 & \sin x & \cos x \\ 0 & \cos x & -\sin x \\ 0 & -\cos x & \sin x \end{vmatrix} y''+\begin{vmatrix} 1 & \sin x & \cos x \\ 0 & -\sin x & -\cos x \\ 0 & -\cos x & \sin x \end{vmatrix} y'-\begin{vmatrix} 0 & \cos x & -\sin x \\ 0 & -\sin x & -\cos x \\ 0 & -\cos x & \sin x \end{vmatrix} y=0.$$

整理得 $y'''+y'=0$.

5. 由于 $\operatorname{sh}x=\dfrac{e^x-e^{-x}}{2}$, $\operatorname{ch}x=\dfrac{e^x+e^{-x}}{2}$ 是 e^x, e^{-x} 的线性组合，所以实际上只有两个线性无关解 e^x, e^{-x}，因此齐次线性方程为 $y''-y=0$.

习题 4.2

1. (1) $y=c_1e^x+c_2e^{-x}+c_3\cos x+c_4\sin x$，其中 c_i, $i=1,2,3,4$ 为任意常数.

(2) $y=c_1+c_2e^{4x}$, 其中 c_1,c_2 为任意常数.

(3) $y=c_1e^{-4x}+c_2e^{-5x}$, 其中 c_1,c_2 为任意常数.

(4) $y=c_1e^x+c_2e^{-x}+c_3e^{2x}$, 其中 c_1,c_2,c_3 为任意常数.

(5) $y=c_1+c_2e^{-2x}$, 其中 c_1,c_2 为任意常数.

(6) $y=e^{-2x}(c_1\cos 3x+c_2\sin 3x)$，其中 c_1,c_2 为任意常数.

(7) $y=c_1e^x+e^{-\frac{1}{2}x}\left(c_2\cos\dfrac{\sqrt{3}}{2}x+c_3\sin\dfrac{\sqrt{3}}{2}x\right)$, 其中 c_1,c_2,c_3 为任意常数.

(8) $y=c_1e^x+e^{-\frac{1}{2}x}\left(c_2\cos\dfrac{\sqrt{15}}{2}x+c_3\sin\dfrac{\sqrt{15}}{2}x\right)$, 其中 c_1,c_2,c_3 为任意常数.

(9) $y=c_1e^x+c_2\cos x+c_3\sin x$，其中 c_1,c_2,c_3 为任意常数.

(10) $y=c_1e^{-2x}+e^{2x}(c_2\cos x+c_3\sin x)$，其中 c_1,c_2,c_3 为任意常数.

(11) $y=c_1e^{\sqrt{2}x}+c_2e^{-\sqrt{2}x}+c_3e^x+c_4e^{-x}+c_5\cos x+c_6\sin x$，其中 c_1,c_2,c_3, c_4,c_5,c_6 为任意常数.

(12) $y=c_1+c_2x+c_3e^{-x}+c_4e^x$, 其中 c_1,c_2,c_3,c_4 为任意常数.

(13) $y=c_1e^x+c_2e^{-x}+(e^x-e^{-x})\ln|e^x-1|-xe^x-1$，其中 c_1,c_2 为任意常数.

(14) $y=c_1\cos x+c_2\sin x+\dfrac{1-2\cos^2 x}{\cos x}$，其中 c_1,c_2 为任意常数.

(15) $y=e^x(c_1+x\ln|x|+(c_2-1)x)$，其中 c_1,c_2 为任意常数.

(16) $y=-c_1 e^{-2x}+c_2 e^{-x}+\frac{1}{6}e^x$，其中 c_1, c_2 为任意常数.

(17) $y=c_1\cos x+c_2\sin x+\cos x\cot x-\frac{1}{2\sin x}$，其中 c_1, c_2 为任意常数.

(18) $y=c_1\cos x+c_2\sin x+1+x\cos x-\sin x\ln|\sin x|$，其中 c_1, c_2 为任意常数.

2.(1) $y=c_1\cos 2x+c_2\sin 2x+2$，其中 c_1, c_2 为任意常数.

(2) $y=c_1\cos x+c_2\sin x+\frac{1}{2}(x+1)e^{-x}$，其中 c_1, c_2 为任意常数.

(3) $y=c_1 e^{-x}+c_2 e^{-\frac{1}{2}x}-\frac{1}{6}e^x+4$，其中 c_1, c_2 为任意常数.

(4) $y=e^x(c_1\cos\sqrt{3}x+c_2\sin\sqrt{3}x)+\left(\frac{10}{49}+\frac{1}{7}x\right)e^{3x}$，其中 c_1, c_2 为任意常数.

(5) $y=c_1 e^x+e^{-\frac{1}{2}x}\left(c_2\cos\frac{\sqrt{3}}{2}x+c_3\sin\frac{\sqrt{3}}{2}x\right)+\frac{1}{3}xe^x$，其中 c_1, c_2, c_3 为任意常数.

(6) $a\neq-1, y=(c_1+c_2x)e^{-ax}+\frac{1}{(a+1)^2}e^x, a=-1, y=\left(c_1+c_2x+\frac{1}{2}x^2\right)e^x$，其中 c_1, c_2 为任意常数.

(7) $y=(c_1+c_2x)e^{2x}+\frac{1}{2}x^2e^{2x}+e^x+\frac{1}{4}$，其中 c_1, c_2 为任意常数.

(8) $y=c_1+c_2e^{-3x}-\frac{7}{10}\cos x+\frac{1}{10}\sin x$，其中 c_1, c_2 为任意常数.

(9) $y=e^{-kx}(c_1\cos kx+c_2\sin kx)-2\cos kx+\sin kx$，其中 c_1, c_2 为任意常数.

(10) $y=c_1\cos x+c_2\sin x-\frac{1}{2}\sin 2x$，其中 c_1, c_2 为任意常数.

(11) $y=e^x(c_1\cos x+c_2\sin x)+\frac{1}{8}e^{-x}(\cos x-\sin x)$，其中 c_1, c_2 为任意常数.

(12) $a\neq-1, y=c_1\cos x+c_2\sin x+\frac{1}{1-a^2}\sin ax, a=1, y=c_1\cos x+c_2\sin x-\frac{1}{2}x\cos x$，其中 c_1, c_2 为任意常数.

(13) $y=c_1\cos 2x+c_2\sin 2x-\frac{1}{8}x^2\cos 2x+\frac{1}{16}x\sin 2x$，其中 c_1, c_2 为任意常数.

(14) $y=\left(c_1+c_2x+c_3x^2-\frac{5}{6}x^3+\frac{1}{24}x^4\right)e^{-x}$，其中 c_1, c_2 为任意常数.

3.（1）$y=\sin 2x+\frac{1}{2}x\sin 2x$；

（2）$y=\left(1+\frac{5}{8}x\right)\cos x-\left(\frac{21}{8}-2x+\frac{1}{8}x^2\right)\sin x$；

（3）$y=e^x$.

4. $f(x)=c_1e^x+e^{-\frac{1}{2}x}\left(c_2\cos\frac{\sqrt{3}}{2}x+c_3\sin\frac{\sqrt{3}}{2}x\right)+\frac{1}{2}e^{-x}$，其中 c_1,c_2,c_3 为任意常数.

习题 4.3

1.（1）$x^2=c_1t+c_2$，其中 c_1,c_2 为任意常数；

（2）$y=c_1e^{-x}(x+2)+c_2x+c_3$，其中 c_1,c_2,c_3 为任意常数；

（3）$y=\frac{c_1x^2}{2}+c_1^2x+c_2$，其中 c_1,c_2 为任意常数；

（4）$y=c_1\ln|x|+c_2x+c_3-\frac{1}{2x}$，其中 c_1,c_2,c_3 为任意常数；

（5）$y=-\sin(x+c_1)+c_2x+c_3$，其中 c_1,c_2,c_3 为任意常数；

（6）这是关于函数及其一、二阶导数的二次齐次方程 $y=c_2\left|\frac{x}{c_1+x}\right|^{\frac{1}{c_1}}$，其中 c_1,c_2 为任意常数；

（7）不是高阶全微分方程，但有积分因子$\frac{1}{y''y'''}$，$y^2=c_2(x+c_3)^2+c_1$，其中 c_1,c_2 为任意常数；

（8）有积分因子$\frac{1}{xyy'}$，$y^{-3}=c_1x^{-3}+c_2$，其中 c_1,c_2 为任意常数；

（9）方程的左端是某函数的全微分，$\ln y=c_1e^x+c_2e^{-x}$，其中 c_1,c_2 为任意常数；

（10）方程中不显含自变量 t，令 $\dot{x}=y$，$\ddot{x}=y\frac{dy}{dx}$，原方程化为 $2xy\frac{dy}{dx}=1$. 这是变量分离方程，求得 $x=c_1e^{y^2}$，则 $dx=2yc_1e^{y^2}dy$，又由 $y=\dot{x}$ 得 $dt=\frac{dx}{y}=2c_1e^{y^2}dy$. 所以，原方程参数形式的解为 $t=2c_1\int e^{y^2}dy+c_2$，$x=c_1e^{y^2}$，其中 c_1，c_2 为任意常数.

2.（1）$y=c_1\ln|x|+c_2$，其中 c_1,c_2 为任意常数；

（2）$y=c_1+c_2\ln|x|+c_3x^3$，其中 c_1,c_2,c_3 为任意常数；

(3) $y=c_1+c_2(x+1)^5+c_3(x+1)^{-2}$，其中 c_1,c_2,c_3 为任意常数；

(4) $y=c_1x+c_2x^2+x^2\ln|x|+2x\ln|x|+1$，其中 c_1,c_2 为任意常数.

3. $x(t)=a\sum\limits_{n=0}^{\infty}\frac{1}{2\cdot 4\cdot\cdots\cdot 2n}t^{2n}+b\sum\limits_{n=0}^{\infty}\frac{1}{1\cdot 3\cdot\cdots\cdot(2n-1)}t^{2n-1}$.

第 5 章

习题 5.1

1. 先求出导数，直接验证.

2. (1) $\dot{x}=y,\dot{y}=-f(t)y-g(t)$；

(2) $\dot{x}=y,\dot{y}=-\frac{c}{m}y-\frac{k}{m}x+\frac{1}{m}f(t)$；

(3) $y_0'=y_1,y_1'=y_2,y_0'=-a_1(x)y_2-a_2(x)y_1-a_3(x)y_0$.

3. $\boldsymbol{\Phi}'(x)=\begin{pmatrix}1 & 0\\ 0 & -\frac{1}{x^2}\end{pmatrix}$，$\boldsymbol{A\Phi}(x)=\begin{pmatrix}-\frac{1}{x} & 1\\ -\frac{2}{x^2} & \frac{1}{x}\end{pmatrix}\begin{pmatrix}x & 1\\ 2 & \frac{1}{x}\end{pmatrix}=\begin{pmatrix}1 & 0\\ 0 & -\frac{1}{x^2}\end{pmatrix}=\boldsymbol{\Phi}'(x)$.

4. 因 $\boldsymbol{\Phi}(t)$ 为基本矩阵，则有 $\frac{\mathrm{d}\boldsymbol{\Phi}(t)}{\mathrm{d}t}=\boldsymbol{A\Phi}(t)$，$\det\boldsymbol{\Phi}(t)\neq 0$，$\frac{\mathrm{d}\boldsymbol{\Phi}(t-t_0)}{\mathrm{d}(t-t_0)}=\boldsymbol{A\Phi}(t-t_0)$，即$\frac{\mathrm{d}\boldsymbol{\Phi}(t-t_0)}{\mathrm{d}t}=\boldsymbol{A\Phi}(t-t_0)$，所以 $\boldsymbol{\Phi}(t-t_0)$ 也是基本解阵. 由于线性齐次方程组任意两个基本解矩阵可以互相线性表示，故 $\boldsymbol{\Phi}(t-t_0)=\boldsymbol{\Phi}(t)\boldsymbol{C}$，由条件 $\boldsymbol{\Phi}(0)=\boldsymbol{I}$ 得 $\boldsymbol{\Phi}(t_0)\boldsymbol{C}=\boldsymbol{\Phi}(0)=\boldsymbol{I}$，即得 $\boldsymbol{C}=\boldsymbol{\Phi}^{-1}(t_0)$，所以有 $\boldsymbol{\Phi}(t)\boldsymbol{\Phi}^{-1}(t_0)=\boldsymbol{\Phi}(t-t_0)$.

5. $y_1(x)=y_2(x)=\mathrm{e}^x$.

习题 5.2

1. (1) $y_1=c_1\mathrm{e}^{-x}+2c_2\mathrm{e}^{2x},y_2=2c_1\mathrm{e}^{-x}+c_2\mathrm{e}^{2x}$，其中 c_1,c_2,c_3 为任意常数；

(2) $y_1=c_1\mathrm{e}^x+c_2\mathrm{e}^{-x},y_2=c_1\mathrm{e}^x+3c_2\mathrm{e}^{-x}$，其中 c_1,c_2 为任意常数；

(3) $y_1=5c_1\mathrm{e}^{-x}\cos x+5c_2\mathrm{e}^{-x}\sin x,y_2=c_1\mathrm{e}^{-x}(2\cos x+\sin x)+c_2\mathrm{e}^{-x}(-\cos x+2\sin x)$，其中 c_1,c_2 为任意常数；

(4) $y_1=c_1\mathrm{e}^x\cos x+c_2\mathrm{e}^x\sin x,y_2=c_1\mathrm{e}^x(\cos x+\sin x)+c_2\mathrm{e}^x(-\cos x+\sin x)$，其中 c_1,c_2 为任意常数；

(5) $y_1=2c_1e^x+c_2(2x+1)e^x$, $y_2=c_1e^x+c_2xe^x$，其中 c_1,c_2 为任意常数；

(6) $\begin{pmatrix}x\\y\\z\end{pmatrix}=c_1\begin{pmatrix}0\\1\\1\end{pmatrix}e^t+c_2\begin{pmatrix}1\\1\\1\end{pmatrix}e^{2t}+c_3\begin{pmatrix}1\\0\\1\end{pmatrix}e^{3t}$，其中 c_1,c_2,c_3 为任意常数；

(7) $\begin{pmatrix}x\\y\\z\end{pmatrix}=c_1\begin{pmatrix}2\\2\\3\end{pmatrix}+c_2\begin{pmatrix}3\\2\\3\end{pmatrix}e^{2t}+c_3\begin{pmatrix}4\\1\\1\end{pmatrix}e^{-t}$，其中 c_1,c_2,c_3 为任意常数；

(8) $\begin{pmatrix}x\\y\\z\end{pmatrix}=c_1\begin{pmatrix}1\\2\\3\end{pmatrix}e^t+c_2\begin{pmatrix}1\\3\\5\end{pmatrix}e^{2t}+c_3\begin{pmatrix}1\\-1\\-2\end{pmatrix}e^{3t}$，其中 c_1,c_2,c_3 为任意常数；

(9) $\begin{pmatrix}x\\y\\z\end{pmatrix}=c_1\begin{pmatrix}0\\2\\1\end{pmatrix}e^t+c_2\begin{pmatrix}\cos t-\sin t\\\cos t-\sin t\\-\cos t\end{pmatrix}+c_3\begin{pmatrix}\cos t+\sin t\\\cos t+\sin t\\-\sin t\end{pmatrix}$，其中 c_1,c_2,c_3 为任意常数；

(10) $\begin{pmatrix}x\\y\\z\end{pmatrix}=c_1\begin{pmatrix}1\\1\\1\end{pmatrix}e^t+c_2\begin{pmatrix}1\\0\\-1\end{pmatrix}e^{-2t}+c_3\begin{pmatrix}0\\1\\-1\end{pmatrix}e^{-2t}$，其中 c_1,c_2,c_3 为任意常数；

(11) $\begin{pmatrix}x\\y\\z\end{pmatrix}=c_1\begin{pmatrix}1\\-1\\-3\end{pmatrix}e^{3t}+c_2\begin{pmatrix}-2\\0\\1\end{pmatrix}e^{-t}+c_3\begin{pmatrix}1\\1\\0\end{pmatrix}e^{-t}$，其中 c_1,c_2,c_3 为任意常数；

(12) $\begin{pmatrix}x\\y\\z\end{pmatrix}=c_1\begin{pmatrix}1\\2\\1\end{pmatrix}e^{2t}+c_2\begin{pmatrix}1+t\\1+2t\\t\end{pmatrix}e^{2t}+c_3\begin{pmatrix}1+t+t^2\\1+2t^2\\2-t+t^2\end{pmatrix}e^{2t}$，其中 c_1,c_2,c_3 为任意常数；

(13) $\begin{pmatrix}x\\y\\z\end{pmatrix}=c_1\begin{pmatrix}1\\0\\1\end{pmatrix}e^{2t}+c_2\begin{pmatrix}1+t\\0\\1+t\end{pmatrix}e^{2t}+c_3\begin{pmatrix}1+t+t^2\\3+2t\\3+t+t^2\end{pmatrix}e^{2t}$，其中 c_1,c_2,c_3 为任意常数.

习题 5.3

1.(1) $x=c_1e^t+c_2e^{-t}$, $y=c_1e^t-c_2e^{-t}$，其中 c_1,c_2 为任意常数；

(2) $x=c_1\cos t+c_2\sin t$, $y=-c_1\sin t+c_2\cos t$，其中 c_1,c_2 为任意常数；

(3) $x=c_1e^t+c_2e^{-t}+c_3\cos t+c_4\sin t$, $y=c_1e^t+c_2e^{-t}-c_3\cos t-c_4\sin t$，其中

c_1,c_2,c_3,c_4 为任意常数；

（4）$x=c_1\cos 3t+c_2\sin 3t, y=c_1\dfrac{-3\cos 3t+\sin 3t}{5}+c_2\dfrac{\cos 3t+3\sin 3t}{5}$，其中 c_1，c_2 为任意常数；

（5）$x=(c_2\cos 5t+c_1\sin 5t)e^{3t}, y=(c_1\cos 5t-c_2\sin 5t)e^{3t}$，其中 c_1,c_2 为任意常数；

（6）$x=(c_1+c_2t)e^{2t}, y=(c_1-c_2+c_2t)e^{2t}$，其中 c_1,c_2 为任意常数.

2.（1）$x=\dfrac{7}{4}e^{3t}+\dfrac{1}{4}e^{-t}, y=\dfrac{7}{2}e^{3t}-\dfrac{1}{2}e^{-t}$；

（2）$x=\cos t\, e^{-t}, y=(2\cos t+\sin t)e^{-t}$；

（3）$x=2(t\cos t+3t\sin t+\sin t)e^{t}, y=-2t\sin t\, e^{t}$；

（4）$x=-4\sin t-\dfrac{1}{2}t\sin t-t\cos t+5\cos t\ln(\sec t+\tan t), y=-t\sin t-t\cos t-\dfrac{1}{2}\sin^2 t\cos t-5\sin t\cos t+5\sin^2 t-\dfrac{1}{2}\sin^3 t+5(\cos t-\sin t)\ln(\sec t+\tan t)$.

3.（1）$y=\dfrac{1}{5}(e^{3t}+4e^{-2t})$；

（2）$y=2e^{-t}-e^{-2t}$；

（3）$y=\dfrac{1}{\omega^2-4}[(\omega^2-5)\cos\omega t+\cos 2t]$；

（4）$y=\dfrac{1}{5}(e^{-t}-e^{t}\cos t+7e^{t}\sin t)$；

（5）$y=(1-t)e^{2t}$；

（6）$y=(t-t^2+\dfrac{2}{5}t^3)e^{t}$；

（7）$y=\dfrac{1}{4}t\sin 2t+\cos 2t$.

习题 5.4

（1）$x^2+y^2=c_1, \arctan\dfrac{x}{y}-t=c_2$，其中 c_1,c_2 为任意常数；

（2）$2x-z=c_1, x+2\sqrt{z-x-y}=c_2$，其中 c_1,c_2 为任意常数；

（3）$\dfrac{y}{z}=c_1, \dfrac{x^2+y^2+z^2}{y}=c_2$，其中 c_1,c_2 为任意常数；

（4）$\dfrac{x}{y}=c_1, xy-z^2=c_2$，其中 c_1,c_2 为任意常数；

(5) $\frac{A}{(B-C)}x^2-\frac{B}{(C-A)}y^2=c_1, \frac{B}{(C-A)}y^2-\frac{C}{(A-B)}z^2=c_2$，其中 c_1, c_2 为任意常数；

(6) $\frac{x^2+y^2-1}{x^2+y^2}e^{2t}=c_1, \arctan\frac{y}{x}+t=c_2$，其中 c_1, c_2 为任意常数；

(7) $y^2-z^2=c_1, 2x+(z-y)^2=c_2$，其中 c_1, c_2 为任意常数；

(8) $x+y+z=c_1, x^2+y^2+z^2=c_2$，其中 c_1, c_2 为任意常数.

第 6 章

习题 6.1

1. 其常数解为 $x_1=0$ 和 $x_2=-\frac{A}{B}$. 对于前者，由 $A>0$，可知零解不稳定. 令 $f(x)=Ax+Bx^2$，则 $f'(x)=A+2Bx$. 对于后者，$f'(x_2)=-A$，可知 $x=x_2$ 渐近稳定.

2. 令 $f(x)=-x^3$，则 $f'(x)=-3x^2$. 当 $x\neq 0$ 时，$f'(x)<0$，所以原点渐近稳定.

3. 令 $f(x)=ax$，则 $f'(x)=a$. 当 $a>0$ 时，零解不稳定；当 $a=0$ 时，零解稳定；当 $a<0$ 时，零解渐近稳定.

4. 系统在原点的雅可比矩阵为 $\mathbf{A}=\begin{pmatrix}-2 & 1 & -1\\ 1 & -1 & 0\\ 1 & 1 & -1\end{pmatrix}$，对应的特征方程为 $g(\lambda)=\lambda^3+4\lambda^2+5\lambda+3$，所以零解是渐近稳定的.

习题 6.2

1. 取 $V(x,y)=x^2+y^2$，则沿着系统的解有 $\frac{d}{dt}V(x,y)=2(x^2+y^2)(x^2+y^2-1)$，在单位圆内上式负定，故原点渐进稳定.

2. 取 $V(x,y)=x^2+y^2$，则沿着系统的解有 $\frac{d}{dt}V(x,y)=-2(x^2+y^2)$. 它负定，故零解渐近稳定.

3. 令 $x=x, y=\frac{dx}{dt}$，原式变为 $\dot{x}=y, \dot{y}=\frac{-1}{m}(bx+ay)$，取 $V(x,y)=ma(xy)+mbx^2+my^2$，则 $\frac{d}{dt}V(x,y)=-a(axy+bx^2+my^2)$. 上式负定，故零解是渐近

稳定.

4. 取 $V(x,y)=x^2+y^2$，则沿着系统的解有 $\frac{\mathrm{d}}{\mathrm{d}t}V(x,y)=-2a(x^6+y^6)$. 当 $a>0$ 时，上式负定，零解渐近稳定；当 $a=0$ 时，零解稳定；当 $a<0$ 时，零解不稳定.

习题 6.3

利用 pplane 软件画出下列系统的相图.

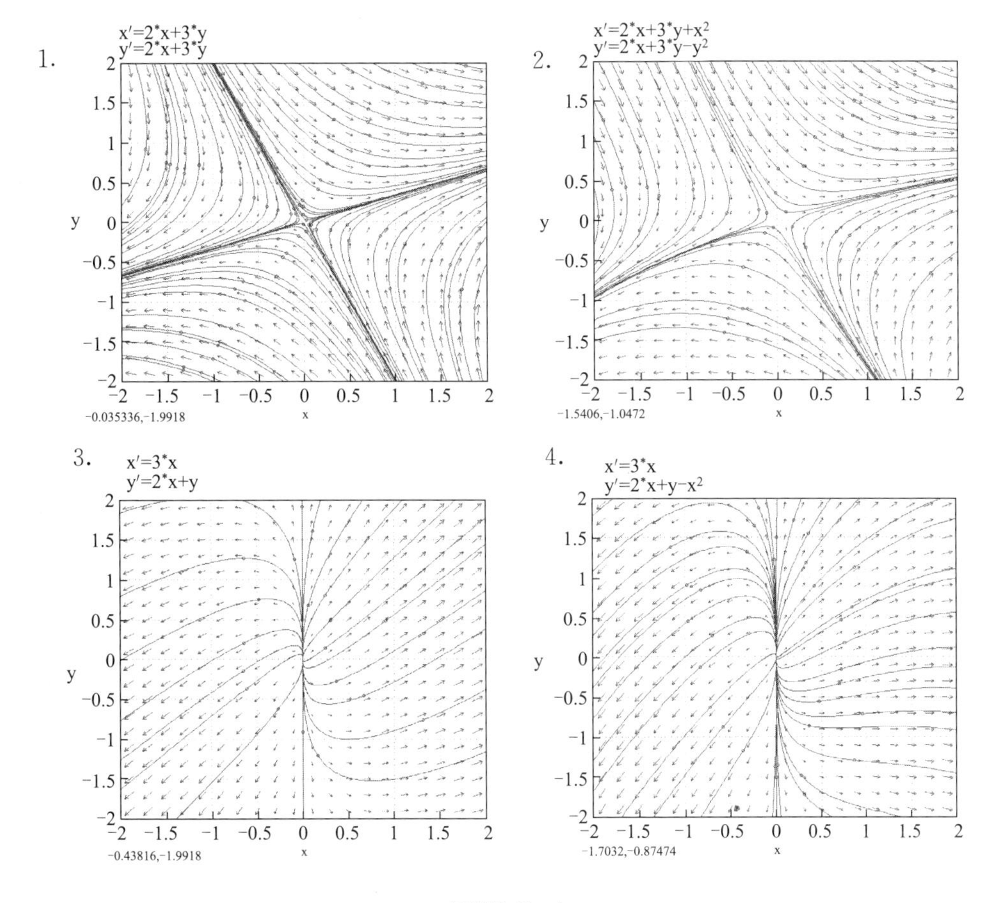

习题 6.4

1. 鞍点，不稳定.
2. 鞍点，不稳定.
3. 结点，不稳定.
4. 结点，不稳定.

附录 Maple在常微分方程中的应用

Maple 是目前世界上通用的数学和工程计算软件，有“数学家的软件”之称，被广泛地应用于科学、工程和教育等领域. Maple 软件具有超强的符号计算的能力，为用户提供交互式的计算环境，可以进行常规的数学计算，可以根据给定的数学函数画出函数的二维或三维图形，这里我们简单介绍 Maple 在常微分方程中的应用，本书作者所用版本为 Maple17（或 2017）.

Maple 软件使用前需要调入程序包，利用 with（packages）加载一程序包时，可以看到程序包中所有命令的短格式名字清单. 此外，如果重复定义已存在命令名，Maple 将提出警告.

在微分方程求解或应用过程中，需要调用（DEtools）程序包，具体如下：

```
> with(DEtools):
```

红色字体为输入的命令，前面“>”为软件自带换行符，蓝色字体为程序包中的常用命令，每个命令以“;”或“:”结尾，当以“:”结尾时，表示不显示结果，可为用户节省空间.

（1）微分方程符号的编辑

在 Maple 中，求导的命令为“diff”，如 $y'(x)$，输入方式为“diff(y(x),x)”，如果是高阶导数，如 $y'''(x)$，输入方式为“diff(y(x),x,x,x)”或简写为“diff(y(x),`$`(x,3))”，具体显示如下：

```
> diff(y(x),`$`(x,3));
```

$$\frac{d^3}{dx^3}y(x)$$

考虑一个简单的微分方程 $\frac{dy(x)}{dx}=x$，输入为

```
> diff(y(x),x)=x;
```

$$\frac{d}{dx}y(x)=x \quad (1)$$

复杂的方程也是如此，这里不再演示.

（2）显式微分方程的求解

Maple 可以求解很多类型的微分方程，Maple 解常微分方程的基本命令是“dsolve”，解微分方程的大部分数学原理都可以用 dsolve 来实现. 考虑上面方程(1)，

```
> eq1:=diff(y(x),x)=x;
```

$$eq1:=\frac{\mathrm{d}}{\mathrm{d}x}y(x)=x$$

```
> dsolve(eq1);
```

$$y(x)=\frac{x^2}{2}+\_C1$$

其中“eq1”为方程的命名，利用 Maple 很容易得到上述符号解. 再演算一个复杂点的方程，

$$2y''-4y'-6y=3\mathrm{e}^{2x},$$

```
> eq2:=2*diff(y(x),x,x)-4*diff(y(x),x)-6*y(x)=3*exp(2*x);
```

$$eq2:=2\left(\frac{\mathrm{d}^2}{\mathrm{d}x^2}y(x)\right)-4\left(\frac{\mathrm{d}}{\mathrm{d}x}y(x)\right)-6y(x)=3\mathrm{e}^{(2x)}$$

```
> dsolve(eq2);
```

$$y(x)=\mathrm{e}^{(3x)}\_C2+\mathrm{e}^{(-x)}\_C1-\frac{1}{2}\mathrm{e}^{(2x)}$$

其中“$\_C1$”“$\_C2$”为任意常数，可以看出，求解一般的常微分方程是很容易的. 除了求解一般的方程，还可以求解带有初值条件的微分方程，如

$$y''+y'-2y=2x,y(0)=0,y'(0)=1; \tag{2}$$

```
> eq3:=diff(y(x),x,x)+diff(y(x),x)-2*y(x)=2*x;
```

$$eq3:=\left(\frac{\mathrm{d}^2}{\mathrm{d}x^2}y(x)\right)+\left(\frac{\mathrm{d}}{\mathrm{d}x}y(x)\right)-2y(x)=2x$$

```
> dsolve([eq2,D(y)(0)=1,y(0)=0]);
```

$$y(x)=\frac{5}{8}\mathrm{e}^{(3x)}-\frac{1}{8}\mathrm{e}^{(-x)}-\frac{1}{2}\mathrm{e}^{(2x)}$$

其中“D(y)(0)=1,y(0)=0”为初值条件，方程与条件用“[]”括起来，表示求满足条件的微分方程. 再如，求微分方程

$$y''+4y=\cos 2t. \tag{3}$$

的精确解可输入：dsolve({diff(y(t),[t$2])+4*y(t)= cos(2*t)},y(t));

求方程(3) 满足初值 $y(0)=1,y'(0)=0$ 解，可输入：

dsolve({diff(y(t),[t$2])+4*y(t)= cos(2*t),y(0)= 1,(D(y))(0)= 0},y (t));

如果要用拉普拉斯变换法求解求方程(3) 满足初值 $y(0)=1, y'(0)=0$ 解，可输入：

dsolve({diff(y(t),[t$2])+4 * y(t)= cos(2 * t),y(0)= 1,(D(y))(0)= 0},y(t), method = laplace).

(3) 隐式微分方程的求解

Maple 不仅可以求解显式微分方程，还可以求解隐式微分方程，如

$$(y')^3+2xy'-y=0, \tag{4}$$

> eq4:=(diff(y(x),x))^3+2 * x * diff(y(x),x)-y(x);

$$eq4:=\left(\frac{\mathrm{d}}{\mathrm{d}x}y(x)\right)^3+2x\left(\frac{\mathrm{d}}{\mathrm{d}x}y(x)\right)-y(x)$$

> dsolve(eq4):

Maple 返回 4 组解. 再如下列微分方程，

$$xy'=y\ln(xy)-y, \tag{5}$$

> eq5:=x * diff(y(x),x)=y(x) * ln(x * y(x))-y(x);

$$eq5:=x\left(\frac{\mathrm{d}}{\mathrm{d}x}y(x)\right)=y(x)\ln(xy(x))-y(x)$$

> dsolve (eq5);

$$y(x)=\frac{\mathrm{e}^{\left(\frac{x}{\_C1}\right)}}{x}$$

其他形式的微分方程，读者可以自己求解.

(4) 解微分方程组

dsolve 命令还可以用来求解微分方程组，如

$$\dot{y}=x(t), \dot{x}=-y(t),$$

> dsolve({D(y)(t)=x(t),D(x)(t)=-y(t)});

$$\{x(t)=\_C1\sin(t)+\_C2\cos(t), y(t)=-\_C1\cos(t)+)\_C2\sin(t)\}$$

还可以给上面方程添加初值条件为 $x(0)=1, y(0)=2$，Maple 的解法如下

> dsolve({D(y)(t)=x(t),D(x)(t)=-y(t),x(0)=1,y(0)=2});

$$\{x(t)=-2\sin(t)+\cos(t), y(t)=2\cos(t)+\sin(t)\}$$

Maple 软件可以求解的微分方程有很多，Maple 的版本不同，求解能力也不同，一般情况下，版本越高，求解方程的类型越多，表 1～表 3 给出了 Maple 可以求解的方程类型.

表 1　Maple 可求解的一阶常微分方程

微分方程类型	微分方程的形式
线性	$y'+P(x)y=Q(x)$
正合	$y'=-\dfrac{P(x,y)}{Q(x,y)}$，满足$\dfrac{\partial Q}{\partial x}=\dfrac{\partial P}{\partial y}$
非正合	$F(x,y)y'+G(x,y)=0$ 但是存在积分因子
可分	$y'=f(x)g(y)$
齐次	$y'=F(xy^n)\dfrac{y}{x}$
高阶	$x=F(y,y')$
Bernoulli	$y'+P(x)y=Q(x)y^n$
Clairaut	$y=xy'+F(y')$
Riccati	$y'=P(x)y^2+Q(x)y+R(x)$

表 2　Maple 可求解的二阶微分方程

微分方程类型	微分方程的形式
线性	$ay''+by'+cy=d(x)$，其中 a,b,c 为复数
Euler	$x^2y''+axy'+by=c(x)$
Bessel	$x^2y''+(2k+1)xy'+(\alpha^2x^{2r}+\beta^2)y=0$，其中 k,α,r,β 为复数，且 $\alpha r\neq 0$
超几何方程	$x(1-x)y''+((c-(a+b+1)x))y'-aby=0$，当 $a,b,c\in\mathbb{C}$

表 3　dsolve 的选项（常微分方程，type=exact）

选项	含义
Method=fourier	傅里叶方法
Method=fouriercos	傅里叶余弦变换法
Method=fouriersin	傅里叶正弦变换法
Method=hankel	汉克尔变换法
Method=Hilbert	希尔伯特变换法
Method=laplace	拉普拉斯变换法
Method=matrixexp	幂矩阵变换法
Output=basis	产生解基与特解
Explicit	试图找出显式解
Implicit	隐式解

（5）微分方程的级数解

Maple 不仅可以得到符号解，还可以得到微分方程的级数解，使用方法为

dsolve 使用选项 type=series 给出方程的级数解. 下面我们看一个简单的例子，

$$y''+xy'-3y=0, y(0)=1, y'(0)=2 \tag{6}$$

```
> eq6:=diff(y(x),x$2)+x*diff(y(x),x)-3*y(x)=0;
```

$$eq6:=\left(\frac{d^2}{dx^2}y(x)\right)+x\left(\frac{d}{dx}y(x)\right)-3y(x)=0$$

```
> dsolve({eq6,y(0)=1,D(y)(0)=2},y(x),type=series);
```

$$y(x)=1+2x+\frac{3}{2}x^2+\frac{2}{3}x^3+\frac{1}{8}x^4+O(x^6)$$

(6) 微分方程的图形表示

基本画图命令见表 4.

表 4　基本画图命令

命令	含义
dfielplot	画出以箭头表示的向量场
phaseportrait	画出向量场以及个别的积分曲线
DEplot	图形表示微分方程
DEplot3d	在三维空间中图形表示微分方程
PDEplot	画出拟线性的一阶偏微分方程

(7) 向量场

考查常微分方程，

$$\frac{dy(x)}{dx}=e^{-x}-3y(x), \tag{7}$$

它的向量场如图 1.

```
> eq7:=diff(y(x),x)=exp(-x)-3*y(x);
```

$$eq7:=\frac{d}{dx}y(x)=e^{(-x)}-3y(x)$$

```
> dfieldplot(eq7,y(x),x =-2..3,y=-2..3,axes=BOXED);
```

(8) 画积分曲线

给定了一些初始条件，使用 phaseportrait 命令就可以在向量场中画出积分曲线，对于方程（7），有

```
>phaseportrait(eq7,y(x),x=-2..3,{[0,0],[0,0.2],[0,0.4],[0,0.6],[0,0.8],[0,1]},y=-2..3,axes=BOXED);
```

其结果如图 2.

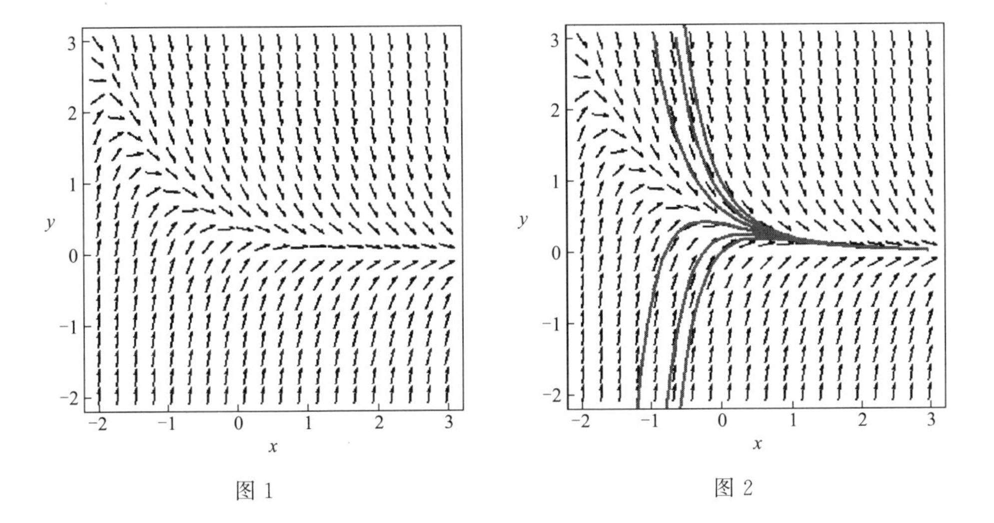

图 1　　图 2

对于二阶常微分方程及一阶常微分方程组，向量场同样是定性描述微分方程的重要工具. plots 程序包中的 fieldplot 命令也可以画出向量场（图 3），例如

$$\begin{cases} x'=x(x-\sin(y)), \\ y'=y(x+3y-1). \end{cases} \tag{8}$$

首先需要调用绘图软件包 plots，

```
> with(plots):
> eq8:=[x*(x-sin(y)),y*(x+3*y-1)];
```

$$eq8:=[x(x-\sin(y)),y(x+3y-1)]$$

```
> fieldplot(eq8,x = 0..2,y = 0..1);
```

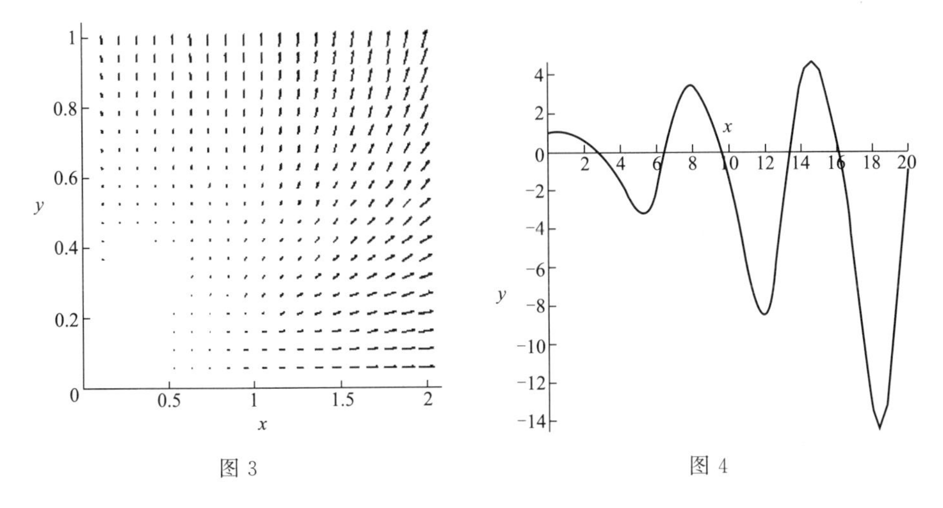

图 3　　图 4

(9) 常微分方程作图

DEplot 是一般的常微分方程作图命令，用法是 DEplot（ode，dep-var，range，

[ini-conds]）其中 ode 是微分方程，dep-var 是因变量，range 是自变量的变化范围，ini-conds 是初始条件的列表.

$$y''+\sin(x)y'+y=\cos(x), \tag{9}$$

初值条件是 $y(0)=0, y'(0)=1$，下面做出方程（9）的图像（图 4），命令及结果如下.

```
> eq9:=diff(y(x),x$2)+sin(x)*diff(y(x),x)+y(x)=cos(x);
```

$$eq9:=\left(\frac{d^2}{dx^2}y(x)\right)+\sin(x)\left(\frac{d}{dx}y(x)\right)+y(x)=\cos(x)$$

```
> DEplot(eq9,y(x),x=0..20,[[y(0)=1,D(y)(0)=0]]);
```

对于微分方程组，也可以同样使用 DEplot3d 命令做出图像（图 10），如

$$\begin{cases} y'(t)+y(t)+x(t)=0, \\ x'(t)-y(t)=0, \\ x(0)=0, y(0)=6, \\ x(0)=0, y(0)=-6, \end{cases} \tag{10}$$

```
> eq10:=diff(y(t),t)+y(t)+x(t)=0;
> eq11:=diff(x(t),t)-y(t);
>DEplot3d({eq10,eq11},[x(t),y(t)],t=-5..5,[{x(0)=0,y(0)=6},{x(0)=0,y(0)=-6}],stepsize=0.1);
```

$$eq10:=\left(\frac{d}{dt}y(t)\right)+y(t)+x(t)=0$$

$$eq11:=\left(\frac{d}{dt}x(t)\right)-y(t)$$

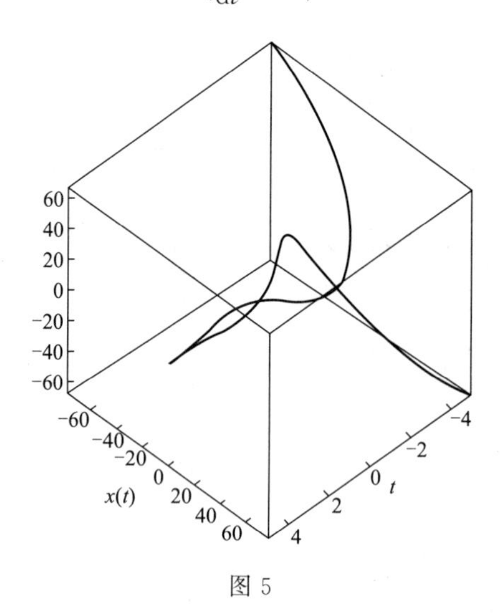

图 5

参考文献

[1] 叶彦谦.常微分方程讲义．北京：人民教育出版社，1979.

[2] 金福临，李训经，等.常微分方程．上海：上海科学技术出版社，1960.

[3] 金福临，阮炯，黄振勋.应用常微分方程．上海：复旦大学出版社，1991.

[4] 丁同仁.常微分方程基础．上海：上海科学技术出版社，1981.

[5] 丁同仁.常微分方程教程．2 版．北京：高等教育出版社，2004.

[6] 丁同仁.常微分方程.北京：高等教育出版社，2010.

[7] 东北师范大学数学系.常微分方程．北京：高等教育出版社，1982.

[8] 武卓群，李勇.常微分方程．北京：高等教育出版社，2004.

[9] 王高雄，等.常微分方程．4 版．北京：高等教育出版社，2020.

[10] 周义仓，等.常微分方程及其应用．2 版．北京：高等教育出版社，2010.

[11] 蔡燧林.常微分方程.杭州：浙江大学出版社，1988.

[12] 林武忠，汪志鸣，张九超.常微分方程．北京：科学出版社，2003.

[13] G. F. Simons. 微分方程——附应用及历史注记.张理京，译.北京：人民教育出版社，1982.

[14] 莫里斯·克莱因.古今数学思想．上海：上海科学技术出版社，2002.

[15] 张伟年，等.常微分方程．北京：高等教育出版社，2006.

[16] 楼红卫，林伟.常微分方程．上海：复旦大学出版社，2013.

[17] 李荣华，冯果忱.微分方程数值解法．3 版．北京：高等教育出版社，1996.

[18] 秦元勋.常微分方程概貌．北京：科学技术文献出版社，1989.

[19] 史捷班诺夫.微分方程教程．北京：高等教育出版社，1956.

[20] 秦元勋.常微分方程定义的积分曲面．西安：西北大学出版社，1985.

[21] 西南师范大学数学与财经学院.常微分方程．成都：西南师范大学出版社，2005.

[22] 丁崇文.常微分方程精品课堂．厦门：厦门大学出版社，2008.

[23] 庄万.常微分方程习题解．济南：山东科学技术出版社，2003.

[24] [俄] 庞特里亚金.常微分方程．林武忠，倪明康，译．北京：高等教育出版社，2016.

[25] [美] C. Henry Edwards，David E. Penney.常微分方程基础.北京：机械工业出版社，2005.

[26] M. Braun.微分方程及其应用（上、下）．张鸿林，译．北京：人民教育出版社，1980.

[27]《数学百科全书》编译委员会．数学百科全书．第二卷．北京：科学技术出版社，1995.

[28] 阮炯.常微分方程——方法导引．上海：复旦大学出版社，1991.

[29] 魏俊杰，潘家齐，蒋达清.常微分方程．北京：高等教育出版社，2002.

[30] 陈庆益，柳训明.常微分方程及其应用．武汉：华中工学院出版社，1983.

[31] 秦化淑，林正国.常微分方程及其应用．北京：国防工业出版社，1985.

[32] 南京大学数学系.常微分方程．北京：科学出版社，1978.

[33] 蔡燧林.常微分方程．4 版．杭州：浙江大学出版社，2018.

[34] 韩茂安.常微分方程基本问题与注释．北京：科学出版社，2018.

[35] 北京大学数学力学系高等数学教材编写组.常微分方程与无穷级数．西安：人民教育出版社，1978.

[36] 袁荣.常微分方程．北京：高等教育出版社，2012.

[37] 窦霁红.常微分方程导教·导学·导考.西安：西北工业大学出版社，2014.

[38] 李必文，赵临龙，张明波.常微分方程．武汉：华中师范大学出版社，2014.

[39] 韩祥临，等.常微分方程简明教程．杭州：浙江大学出版社，2013.

[40] 时宝，等.微分方程理论及其应用．北京：国防工业出版社，2005.

[41] 钱祥征. 常微分方程. 长沙：湖南大学出版社，2007.
[42] 钟益林，等. 常微分方程及其 Maple、Matlab 求解. 北京：清华大学出版社，2007.
[43] 王玉文，等. 常微分方程简明教程. 北京：科学出版社，2010.
[44] 艾利斯哥尔兹. 微分方程. 南开大学数学系编译中队译. 北京：人民教育出版社，1959.
[45] 马知恩，周义仓，李承治. 常微分方程定性与稳定性方法. 2 版. 北京：科学出版社，2015.
[46] 葛渭高，等. 应用常微分方程. 北京：科学出版社，2010.
[47] 关治，陆金甫. 数值分析基础. 北京：高等教育出版社，1998.
[48] Arish Iserles. 微分方程数值分析基础教程. 刘晓艳，刘学深，译. 北京：清华大学出版社，2005.
[49] 张芷芬，丁同仁，黄文灶. 微分方程定性理论. 北京：科学出版社，1985.
[50] 张锦炎，冯贝叶. 常微分方程几何理论与分支问题. 北京：北京大学出版社，1981.
[51] 马开平，冯玮，潘申梅. Maple 高级应用和经典实例. 北京：国防工业出版社，2002.
[52] 陈晓霞，等. Maple 指令参考手册. 北京：国防工业出版社，2002.
[53] 潘家齐，等. 常微分方程. 北京：中央广播电视大学出版社，2002.
[54] 庄万，等. 常微分方程. 济南：山东科学技术出版社，1988.
[55] 陆启韶，等. 常微分方程与动力系统. 北京：北京航空航天大学出版社，2010.
[56] 刘正荣. 微分方程定性方法和数值模拟. 广州：华南理工大学出版社，2013.
[57] E. 卡姆克. 常微分方程手册. 张鸿林，译. 北京：科学出版社，1977.
[58] 林群. 微分方程数值解法基础教程. 3 版. 北京：科学出版社，2017.